DeepSeek赋能高效办公与职场实践

陈长生 / 主编

清华大学出版社
北京

内容简介

本书精心设计了多个实战章节，从 Excel 的数据处理到 Word 的文档创作，从 PPT 的演示制作到职场沟通与文书写作，再到商业营销、短视频与新媒体内容创作，每个场景都融入了 DeepSeek 的革新应用。通过丰富的案例与详细的操作步骤，让读者在实战中掌握 DeepSeek 的高效使用秘籍，轻松应对职场中的各种挑战。

此外，本书还特别探索了 DeepSeek 与其他智能工具的协同应用，如思维导图生成、专业图表制作、视频制作等，提供更多元化的办公解决方案。这些实战策略不仅能够帮助读者提升工作效率，还能够激发读者的创造力，让读者的职场之路更加顺畅。

本书适合职场新人快速上手，也适合资深职场人士提高工作效率、优化项目管理、提升职业技能，还适合自媒体人与网络爱好者利用 AI 工具创作高质量内容，扩大影响力。本书还是企业管理者优化团队工作效率极具价值的参考书。通过本书，读者将学会如何充分利用 DeepSeek 的强大功能，解锁高效办公的新境界，从而在职场中脱颖而出。

版权所有，侵权必究。举报：010-62782989，beiqinquan@tup.tsinghua.edu.cn。

图书在版编目（CIP）数据

DeepSeek赋能高效办公与职场实践 / 陈长生主编. -- 北京：清华大学出版社，2025.8. -- ISBN 978-7-302-69361-1

Ⅰ．TP18

中国国家版本馆CIP数据核字第20255Y3A27号

责任编辑：张　敏
封面设计：郭二鹏
责任校对：徐俊伟
责任印制：宋　林

出版发行：清华大学出版社
网　　址：https://www.tup.com.cn，https://www.wqxuetang.com
地　　址：北京清华大学学研大厦A座　　邮　编：100084
社　总　机：010-83470000　　邮　购：010-62786544
投稿与读者服务：010-62776969，c-service@tup.tsinghua.edu.cn
质　量　反　馈：010-62772015，zhiliang@tup.tsinghua.edu.cn
课　件　下　载：https://www.tup.com.cn，010-83470236

印 装 者：大厂回族自治县彩虹印刷有限公司
经　　销：全国新华书店
开　　本：185mm×260mm　　印　张：13　　字　数：320千字
版　　次：2025年8月第1版　　印　次：2025年8月第1次印刷
定　　价：69.80元

产品编号：112093-01

前言

本书说明

当您翻开这本书时，一场静默的认知革命已然开启。在 GPT-4 掀起全球 AI 竞赛的今天，一个源自中国的 AGI 新物种——DeepSeek，正在用独特的进化逻辑重塑生产力边界。这不仅是技术的迭代，更是一场关乎每个人职业未来的范式转移。

笔者曾见证无数职场精英的焦虑：ChatGPT 的横空出世让文案工作者夜不能寐；Midjourney 的降维打击使设计师面临重构，而 DeepSeek 与办公生态的深度融合，正在重新定义"白领生产力"的价值标尺。这种焦虑背后，实则是传统技能体系与智能时代的能力断层。

本书的诞生，正是要搭建一座跨越断层的桥梁。我们拒绝空洞的理论说教，而是以"肌肉记忆式训练"为设计理念。

- 在技术认知层：带您穿透 DeepSeek 的神经网络，理解其通过 MoE 架构实现场景智能的底层逻辑。
- 在操作执行层：提炼"指令工程五步法"，让 AI 输出精准度从随机性跃升至确定性。
- 在战略决策层：揭示如何通过 API 矩阵构建企业智能中台，实现降本增效的指数级突破。

在这个"人机协同"能力决定职业天花板的时代，本书不仅是提升职场效率的工具手册，更是通向未来职场的通行证。当您掌握用 AI 调度生态工具的能力时，收获的不仅是效率的飞跃，更是驾驭不确定性的底层逻辑。

AI 并非替代人类的"对手"，而是激发创造力的"杠杆"。在智能技术日新月异的今天，我们坚信，真正的职场安全感来源于与 AI 协同进化的能力。本书在带您游刃有余地调度 DeepSeek 完成从数据清洗到商业决策的全流程时，收获的不仅是效率的提升，更是智能时代的核心生存技能。

本书内容

第 1、2 章揭示 DeepSeek 的技术基因与提问艺术，助您跳出"机械问答"误区，掌握

"对齐模型思维"的沟通心法。

第 3～5 章详解 DeepSeek 与 Excel、Word、PPT 的深度集成，包含动态图表生成、合同模板秒级输出、PPT 一键生成等硬核技能。

第 6～8 章直击职场文书、商业文案、新媒体创作的核心痛点，提供 AI 辅助撰写、跨文化交流、爆款内容生成等场景化攻略。

第 9 章探索 DeepSeek 与 XMind、Mermaid、蝉镜等工具的协同生态，实现从文本到视觉、从思维导图到短视频的全链路赋能。

书中包含及赠送 200 多个真实商业案例、58 套即插即用模板及 37 组反脆弱方案，独家呈现：

- 一键生成数据报表与动态可视化图表。
- 5 分钟打造产品发布会级 PPT。
- 跨语言合同智能校对与爆款文案矩阵生成。

本书特色

本书摒弃空洞的理论堆砌，以"解决问题"为第一视角，内容历经 6 个月企业调研与 100 多个职场人访谈打磨，扎根场景，破解效率迷思。以"技术穿透＋实战淬炼"双引擎驱动，系统解构智能革命的底层逻辑。

- 认知革命：深度剖析 DeepSeek 的 AGI 演进图谱，解密其超越 ChatGPT 的 MoE 混合专家架构与商业化密码。
- 效率跃迁：独创"三维提问法"与"反向校准机制"，集成 Excel、Word、PPT 全栈解决方案，实现办公效率 300% 提升。
- 场景爆破：覆盖法律合同、学术论文、营销文案等 18 类高价值场景，提炼"输入—处理—输出"的黄金创作范式。
- 生态协同：解锁与 XMind、Mermaid 等 20 多个生产力工具的联动策略，打造个人智能职场的工作流。

本书附赠如下资源，读者扫描下方二维码即可获取相关资源。

- DeepSeek 黄金指令库：12 大场景 278 条结构化提示语。
- Office 智能插件套装：Excel 宏命令集合、Word 合同生成器、PPT 大纲加速器。
- 职场效率工具箱：竞品分析模板、爆款文案语料库、论文降重神器。
- AI 图书问学助手：本书读者独享如下 6 项 AI 助学工具集。
    - ◆ 面试题库宝：免费刷超 2 万道面试题。
    - ◆ AI 面试官：模拟真实面试场景。
    - ◆ 简历智造机：一键生成个性化简历。
    - ◆ 对话提升器：AI 陪练提升沟通力。
    - ◆ 绘图创意坊：AI 辅助绘图设计。
    - ◆ 编程学习站：AI 助力编程学习。

| DeepSeek 黄金指令库 | Office 智能插件套装 | 职场效率工具箱 | AI 图书问学助手 |

本书适合哪些读者阅读

本书适合以下人员阅读：
- 没有任何 AI 及高效办公技术基础的初学者。
- 有一定的办公软件使用基础，想深入了解并掌握 AI 技术在职场中应用的人员。
- 计算机科学、软件工程、信息管理等相关专业的学生、教师和研究人员，对 AI 赋能办公感兴趣者。
- 对于希望通过 AI 技术提升工作效率、优化办公流程的职场人士。
- 从事与 AI 技术相关或希望转型至 AI 赋能办公领域的专业人士。
- 寻求学习辅助工具，提高学习效率，准备未来职业道路的学生群体。
- 希望通过学习 AI 应用，增强个人竞争力，拓宽就业渠道的转行或求职者。

在本书的编写过程中，编者虽已尽所能地将最好的讲解呈现给读者，但也难免有疏漏和不妥之处，敬请广大读者不吝指正。

目录

第1章 DeepSeek 初探与驾驭精髓 ... 1
  1.1 DeepSeek 的起源与演进历程 ... 3
    1.1.1 起源：梦想与现实的交汇 ... 3
    1.1.2 演进历程：从零到行业黑马的蜕变 ... 3
    1.1.3 未来展望：AGI 之路的无限可能 ... 4
  1.2 DeepSeek 与其他 AI 工具：深度对比与剖析 ... 5
    1.2.1 技术架构对比 ... 6
    1.2.2 核心功能与场景适配 ... 7
    1.2.3 用户群体与商业化路径 ... 9
    1.2.4 数据安全与政策适配 ... 10
    1.2.5 未来趋势与选型建议 ... 11
  1.3 DeepSeek 能力概览及应用落地的深度解析 ... 14
  1.4 DeepSeek 高效使用秘籍：基础配置与流程操作指南 ... 17
  1.5 未来展望：DeepSeek 与人工智能的融合创新 ... 21

第2章 DeepSeek 提问艺术与精准优化策略 ... 23
  2.1 AI 提问深度剖析：如何直击问题核心 ... 25
    2.1.1 明确需求：避免模糊与预设 ... 25
    2.1.2 结构化拆解：从混沌到逻辑 ... 30
    2.1.3 指令优化：适配 AI 模型 ... 33
  2.2 DeepSeek 提问技巧全揭秘 ... 35
    2.2.1 提示词的说明 ... 35
    2.2.2 提问三要素：精准、简洁、明确 ... 39
    2.2.3 七大提问绝技，助你轻松掌握 ... 43
  2.3 反向推理：提升答案准确度的独门秘诀 ... 45
  2.4 实战演练：典型提问场景与优化实战案例 ... 46

第 3 章　DeepSeek 与 Excel 的无缝集成实战指南　50

3.1　DeepSeek + Excel：集成路径全面解析　50
3.1.1　获取 DeepSeek 的 API key　51
3.1.2　开启 Excel 的宏　53
3.1.3　开启 Excel 的开发工具　54
3.1.4　编写 DeepSeek 宏文件　55
3.1.5　创建宏文件的快捷方式　57

3.2　实战案例：一键生成 Excel 样表　58

3.3　实战案例：满勤奖金与绩效统计一键完成　59
3.3.1　统计出勤天数　59
3.3.2　统计是否满勤　61
3.3.3　计算绩效总和　61

3.4　实战案例：动态销售数据可视化图表轻松打造　62
3.4.1　计算销售金额　63
3.4.2　生成可视化图表　63

3.5　高效密码：公式错误调试与数据格式冲突应对策略　65
3.5.1　DeepSeek 在 Excel 公式错误调试中的作用　65
3.5.2　数据格式冲突时的应对策略　67

第 4 章　DeepSeek 助力 Word 智能文档创作新境界　69

4.1　DeepSeek 与 Word 完美融合之道揭秘　69
4.1.1　DeepSeek 与 Word 的完美融合　70
4.1.2　DeepSeek 助力 Word 深度理解文档内容　71

4.2　实战案例：法律合同模板自动生成实战　74
4.2.1　快速生成一份房屋租赁法律合同模板　74
4.2.2　补充合同内容　75
4.2.3　修改合同内容　76

4.3　实战案例：学术论文写作效率大幅提升　77
4.3.1　根据研究主题生成核心观点　77
4.3.2　根据核心观点生成论文大纲　79
4.3.3　查询相关领域的最新研究成果　79

4.4　实战案例：多语言合同快速翻译与精准校对实战　82
4.4.1　多语合同即时翻译，一键畅通全球商务　82
4.4.2　精准校对，无忧签署国际合约　83

4.5　高效密码：格式错乱与术语一致性保障策略　84
4.5.1　格式错乱：问题诊断与解决方案　84
4.5.2　术语一致性保障策略　85

第5章 DeepSeek 打造 PPT 智能演示新高度 ... 86
5.1 DeepSeek 在 PPT 制作中的独特优势解析 ... 87
5.2 从结构到文本：PPT 内容快速生成秘籍 ... 87
5.2.1 一键生成 PPT 大纲 ... 87
5.2.2 根据大纲生成内容 ... 88
5.3 DeepSeek + Kimi：实现 PPT 的快速生成 ... 89
5.3.1 Kimi 是什么，如何使用 ... 89
5.3.2 使用 Kimi 快速制作 PPT ... 90
5.4 DeepSeek 助力 WPS 实现 PPT 的一站式制作 ... 92
5.4.1 WPS 灵犀是什么，如何使用 ... 92
5.4.2 WPS 灵犀一键生成 PPT 大纲 ... 93
5.4.3 选择模板制作 PPT ... 94
5.4.4 个性化 PPT 的制作与实现 ... 95
5.5 实战案例精选 ... 97
5.5.1 5 分钟打造产品发布会 PPT 实战 ... 98
5.5.2 DeepSeek + Mindshow：年终总结 PPT 新玩法揭秘 ... 99
5.5.3 个性化 PPT：轻松设计实战 ... 101
5.6 高效密码：内容冗余与视觉风格统一策略 ... 103
5.6.1 内容冗余问题的解决策略 ... 103
5.6.2 视觉风格统一策略 ... 103

第6章 职场沟通与文书写作的高效秘诀 ... 105
6.1 职场沟通与文书写作的核心价值深度剖析 ... 106
6.1.1 职场沟通的核心价值 ... 106
6.1.2 文书写作的重要性 ... 109
6.2 DeepSeek 在职场文书创作中的革新应用实战 ... 112
6.2.1 工作报告与项目计划高效撰写技巧 ... 112
6.2.2 公文写作与会议纪要精炼秘诀揭秘 ... 115
6.3 DeepSeek 优化职场邮件与通知的实战攻略 ... 118
6.4 实战案例精选 ... 119
6.4.1 AI 辅助：简历撰写与面试准备全攻略实战 ... 119
6.4.2 会议纪要自动提炼与分发实战案例 ... 126
6.4.3 跨文化商务邮件优化策略实战 ... 129

第7章 商业营销文案与品牌传播的制胜法宝 ... 131
7.1 商业营销文案的创作精髓与策略深度解读 ... 132
7.1.1 创作精髓 ... 132
7.1.2 策略深度解读 ... 133

7.2　DeepSeek 在品牌传播中的革新实践案例 ································ 134
　　7.2.1　创意广告文案生成与优化实战秘籍 ······························ 135
　　7.2.2　产品描述吸引力提升技巧大放送实战 ···························· 136
7.3　DeepSeek 在市场趋势分析报告中的妙用实战 ···························· 137
7.4　社交媒体内容创作与品牌传播的深度融合策略解析 ······················ 138
7.5　实战案例精选 ··· 140
　　7.5.1　节日促销爆款文案一键生成实战 ································ 140
　　7.5.2　AI 辅助竞品分析报告实战案例 ································· 144
　　7.5.3　直播带货话术轻松生成实战 ···································· 149

第 8 章　新媒体内容创作与传播策略全解析　156

8.1　新媒体内容创作的动态趋势全面概览 ·································· 157
8.2　DeepSeek 在新媒体文章创作中的革新应用实战 ·························· 158
8.3　DeepSeek 赋能社交媒体写作实战 ····································· 160
8.4　新媒体内容创作挑战与应对策略解析 ·································· 161
8.5　实战案例精选 ··· 163
　　8.5.1　小红书爆文生成 ·· 163
　　8.5.2　短视频脚本自动生成秘籍实战 ·································· 170
　　8.5.3　10 分钟产出微信公众号爆文实战案例 ··························· 173

第 9 章　DeepSeek + 智能工具协同应用实战　177

9.1　DeepSeek + XMind：生成思维导图 ···································· 177
　　9.1.1　XMind 是什么，如何使用 ······································ 177
　　9.1.2　DeepSeek 生成思维导图内容 ··································· 180
　　9.1.3　使用 XMind 生成思维导图 ····································· 182
　　9.1.4　实例：快速生成小学数学思维导图 ······························ 184
9.2　DeepSeek + Mermaid：生成专业图表 ·································· 187
　　9.2.1　Mermaid 是什么，如何使用 ···································· 187
　　9.2.2　DeepSeek 生成图表内容 ······································· 188
　　9.2.3　使用 Mermaid 生成专业图表 ··································· 189
　　9.2.4　实例：快速生成行政处罚流程图 ································ 190
9.3　DeepSeek + 蝉镜：实现视频的快速制作 ······························· 192
　　9.3.1　蝉镜是什么，如何使用 ·· 192
　　9.3.2　DeepSeek 生成视频文案 ······································· 194
　　9.3.3　使用蝉镜生成视频 ·· 194
　　9.3.4　实例：2 分钟制作预防火灾宣传视频 ···························· 196
9.4　高效密码 ··· 198

第 1 章
DeepSeek初探与驾驭精髓

本章概述

本章将引领读者踏入 DeepSeek 这一前沿人工智能领域的探索之旅，旨在为读者提供全面而深入的理解。从 DeepSeek 的起源与演进历程开始，揭示它如何在人工智能的浪潮中脱颖而出，逐步成长为行业内的佼佼者。然后将 DeepSeek 与其他 AI（人工智能）工具进行详尽的比较，通过深度对比与剖析，不仅突出了 DeepSeek 的独特优势，还揭示了其在功能、性能、易用性等方面的显著特点。紧接着，聚焦 DeepSeek 的核心功能概览及其应用场景的深度解析。通过生动的案例与实用的分析，明确了 DeepSeek 的潜在价值。为了助力读者快速上手 DeepSeek，掌握其精髓，为读者提供了 DeepSeek 的高效使用秘籍，指导读者如何快速上手，帮助他们在项目中实现更高效、更流畅的应用。最后，展望未来，探讨 DeepSeek 与人工智能的融合创新。通过分析行业趋势与技术前沿，揭示了 DeepSeek 未来发展方向与潜力，从而激发读者对人工智能未来的无限遐想与期待。

通过本章的学习，读者将对 DeepSeek 有一个全面而深入的了解，能够明确其在人工智能领域的地位与价值，以及如何在实际工作中高效地使用它。这将为读者在人工智能领域的探索与实践提供坚实的理论基础与实践指导。

知识导读

本章要点（已掌握的在方框中打钩）
- ☐ 了解 DeepSeek 的起源与演进历程。
- ☐ 认识 DeepSeek 与其他 AI 模型的区别。
- ☐ 发现 DeepSeek 的应用场景。

自 AI 技术诞生以来，人类便怀揣着创造真正智能机器的梦想。从早期的专家系统、图像识别技术，到后续的机器学习、深度学习，AI 技术经历了由简至繁、由单一至多元的不断演进。随着大数据、云计算及算法技术的持续突破，AI 逐渐走出实验室，步入市场，成为推动社会智能化转型的关键力量。

近年来，AI 技术迎来了爆发式增长。谷歌、微软、亚马逊、IBM 等科技巨头，凭借在大数据、云计算和算法领域的深厚积累，稳稳占据 AI 市场的领先地位。与此同时，OpenAI、DeepMind 等新兴 AI 公司，凭借创新的技术和理念，也在市场中脱颖而出。提及 AI 模型，BERT、GPT 等自然语言处理领域的佼佼者，以及 ResNet、EfficientNet 等图像识别领域的专家，都在各自的领域内大放异彩，极大地便利了我们的生活。

然而，在 AI 领域，一个后起之秀——DeepSeek 却凭借其卓越的技术实力和成本控制能力，在市场中声名鹊起。DeepSeek 的 AI 模型技术已经追平甚至在某些方面超越了世界顶级 AI 模型，如图 1-1 所示。其新研发的模型架构不仅显著提升了处理速度和精度，还实现了跨模态、跨语言的深度理解和交互，打破了市场上现有模型的局限性。

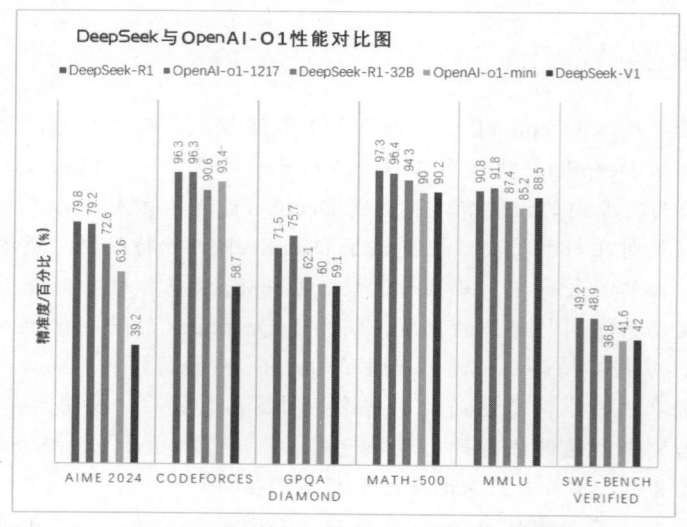

图 1-1 DeepSeek 与 OpenAI-o1 性能对比图

在成本控制方面，DeepSeek 同样表现出色，远低于竞争对手，以及行业平均水平，如图 1-2 所示，这使得其能够以更具竞争力的价格提供优质的 AI 服务，从而赢得了市场的广泛认可。

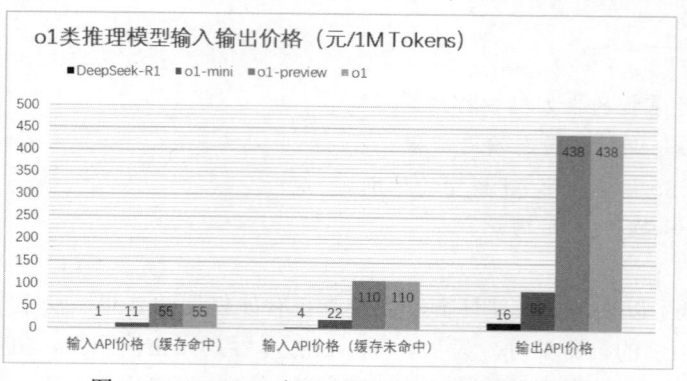

图 1-2 DeepSeek 与 OpenAI-o1 API 价格对比图

2025 年 1 月，DeepSeek 凭借其技术创新，在 AI 领域掀起了一场风暴。公司宣布成功研发出一种全新的 AI 模型架构，该架构在大幅提升处理速度和精度的同时，实现了跨模态、跨语言的深度理解和交互。这一突破性成果不仅标志着 AI 技术在理解和模拟人类智能方面取得了重要进展，还为 AI 技术在各个领域的应用开辟了全新的可能性。

DeepSeek 的这一成就迅速在 AI 界引起了轰动。其不仅在技术上取得了突破，更在市场上占据了先机。随着 DeepSeek 新模型的广泛应用，其在 AI 市场的份额不断提升，逐渐成为新的领军企业。同时，这一事件也引发了业界对于 AI 未来发展方向的深入思考和热烈讨论。专家认为，这一技术突破将极大地推动 AI 技术在医疗、教育、金融、智能制造等多个领域的深入应用，有望为社会带来前所未有的变革和效益。

更为难能可贵的是，DeepSeek 并没有将这一创新成果束之高阁，而是选择开放其部分核心技术和模型，与全球开发者共享这一创新红利。这一举措不仅彰显了 DeepSeek 开放共享的精神，更为全球 AI 技术的发展注入了新的活力。

可以预见，随着 DeepSeek 这一引爆点的出现，AI 领域将迎来一个更加繁荣、多元和创新的未来。DeepSeek 将继续以其卓越的技术实力和开放共享的精神，引领 AI 技术的发展潮流，为人类社会的智能化转型贡献更多的智慧和力量。同时，这一事件也将激发更多企业和研究机构投入 AI 技术的研发和创新，共同推动全球 AI 技术的蓬勃发展。

1.1　DeepSeek 的起源与演进历程

1.1.1　起源：梦想与现实的交汇

DeepSeek，这一引领未来 AI 技术潮流的杰作，诞生于科技创新日新月异的 2023 年。它不仅是国内顶尖 AI 研究机构——深度求索（DeepSeek Inc.）智慧与汗水的结晶，更是这群怀揣梦想的工程师通过 3 年的潜心研发，精心打造出的通用人工智能（AGI）领域的璀璨明珠。DeepSeek 的名字寓意深远——"深度探索"（Deep + Seek），象征着通过深度学习技术不断挖掘 AI 的无限可能，犹如一艘即将飞向宇宙深处的"星际飞船"，承载着人类对于 AI 未来的无限憧憬。

DeepSeek 的诞生源于对行业痛点的深刻洞察。尽管 ChatGPT 等大模型已经展现出强大的能力，但在数学推理、代码生成等专业领域，AI 仍存在明显的短板。这一现状激发了 DeepSeek 团队的创业热情，他们决心通过技术创新，打破 AI 的局限，推动人工智能向更高层次发展。创始团队由顶尖 AI 科学家与工程师组成，核心成员来自清华大学、微软亚研院等国内外知名机构，拥有丰富的大模型研发经验。正是这样一群志同道合的精英，汇聚在一起，共同开启了 DeepSeek 的传奇之旅。

1.1.2　演进历程：从零到行业黑马的蜕变

DeepSeek 的演进历程，是一部充满挑战与突破的史诗，其发展历程可以划分为以下 5

个阶段：

1. 起源：量化巨头的科技新篇

DeepSeek 的诞生，是幻方量化在量化投资领域取得成功后，向 AI 科技领域迈出的重要一步。幻方量化的雄厚资金与技术支持，为 DeepSeek 的初期发展奠定了坚实的基础。梁文锋先生及其团队凭借深厚的行业经验和前瞻性的技术视野，迅速确立了公司的技术路线和市场定位。

2. 早期突破：开源代码大模型的发布

2023 年 11 月 2 日，DeepSeek 迎来了其发展历程中的重要里程碑——首个开源代码大模型 DeepSeekCoder 的发布。这款模型支持多种编程语言的代码生成、调试和数据分析任务，为开发者提供了强大的工具支持。紧接着，在 2023 年 11 月 29 日，DeepSeek LLM 横空出世，其包含的 670 亿参数使其能够支持多种自然语言任务，展现了 DeepSeek 在 AI 技术领域的深厚积累。

3. 技术飞跃：MoE 架构与全开源策略

进入 2024 年，DeepSeek 的技术创新步伐不断加快。1 月，DeepSeek LLM 使用 2 万亿字符双语数据集进行预训练，性能超越了业界知名的 LLaMA-2 模型。5 月，DeepSeek V2 的问世，更是采用了先进的 Mixture-of-Experts（MoE）架构，显著降低了推理成本，引发了行业内的价格战。12 月，DeepSeek V3 的发布更是震惊全球，成为全球首个全开源的 MoE 模型，以其高性能和低成本的特点受到了广泛关注。

4. 市场崛起：打破垄断与全球竞争

DeepSeek 的快速发展不仅体现在技术创新上，更体现在其市场拓展方面。其开源策略和高性能模型迅速吸引了全球范围内的关注，打破了美国在 AI 领域的垄断地位。同时，DeepSeek 的低价策略也使其在国内外市场迅速崛起，成为与 OpenAI 等国际巨头竞争的重要力量。

5. 最新动态：全球合作与平台接入

进入 2025 年，DeepSeek 的发展势头更加迅猛。1 月 31 日，DeepSeek R1 模型成功登陆 NVIDIA NIM 平台，并被亚马逊和微软等全球科技巨头接入。2 月 5 日，DeepSeek R1、V3 和 Coder 等系列模型成功上线国家超算互联网平台，进一步巩固了其在全球 AI 领域的领先地位。

综上所述，DeepSeek 的起源与演进历程是一部充满创新与突破的史诗。从量化巨头的科技新篇到开源代码大模型的发布，再到技术飞跃与市场崛起，DeepSeek 始终保持着对技术创新的执着追求和对市场需求的敏锐洞察。未来，DeepSeek 将继续秉持开源、开放的理念，为全球 AI 领域的发展贡献更多的智慧与力量。

1.1.3 未来展望：AGI 之路的无限可能

展望未来，DeepSeek 将继续在通用人工智能领域深耕细作，致力于实现多模态能力突破、个性化 AI 助手、硬件协同创新及伦理安全体系的建设。随着技术的不断进步和应用场景的拓展，DeepSeek 将为人类社会的智能化转型贡献更多的智慧和力量。

在教育领域，DeepSeek 的智能解题助手不仅能给出答案，还能分步讲解错题，帮助学生更好地理解知识点。通过个性化学习功能，DeepSeek 能够自动生成针对性练习题，提升学生的学习效率。

在软件开发领域，DeepSeek 的代码自动生成功能让程序员能够更高效地完成任务。输入自然语言需求，即可直接输出可运行代码。智能调试功能能够定位错误并提出修改建议，减少了调试时间。

此外，DeepSeek 还在科研创新、金融服务等领域展现了强大的应用能力。在材料科学领域，帮助研究者发现了两种新型半导体材料；在生物医药领域，加速了药物分子筛选过程，效率提升了 40 倍；在金融服务领域，实现了复杂金融模型的自动化构建，实时监控市场数据，生成投资策略建议。

对于初学者来说，DeepSeek 的发展历程无疑是一个宝贵的启示。掌握 Python 编程、线性代数、概率统计等基础知识，从微调开源模型入手逐步深入实践，利用 DeepSeek 等公司的资源和工具进行模型实验，都是迈向 AI 领域的有效途径。同时，随着 AI 技术的快速发展和新兴岗位的涌现，初学者还可以抓住机遇在垂直领域应用开发等方面寻求创业和发展机会。

DeepSeek 的起源与演进历程见证了 AI 技术的飞速发展和广泛应用。在这个充满机遇和挑战的时代，让我们共同期待 DeepSeek 在未来能够创造出更多令人惊叹的成就！

1.2 DeepSeek 与其他 AI 工具：深度对比与剖析

随着 AI 科技的蓬勃兴起，市场上如雨后春笋般涌现出众多 AI 模型，标志着全球 AI 工具市场已迈入"垂直化深耕 + 生态化构建"并行的双轨竞争新时代。据 IDC 于 2024 年发布的权威报告，企业对于 AI 工具的采购量呈现出惊人的年度增长率，高达 147%，这一数据不仅彰显了企业对 AI 技术的迫切需求，也预示着 AI 市场的无限潜力。同时，开发者社区对开源模型的热情同样高涨，下载量已突破惊人的 10 亿次大关，进一步推动了 AI 技术的普及与创新。

在这一波澜壮阔的市场竞争中，DeepSeek、GPT-4、Claude、Gemini 等头部 AI 工具凭借独特的技术路线和商业策略，成为引领行业发展的佼佼者。它们不仅在技术上各领风骚，更在商业应用上展现出多样化的探索与创新。

为了更深入地揭示这些头部工具的核心竞争力与未来发展方向，本书将从九大关键维度出发，进行系统性的对比与分析。这些维度包括技术能力、应用场景、用户体验、数据安全、开放性、生态系统构建、商业化模式、创新能力及市场影响力。本书将通过全面而细致的剖析，为读者呈现一幅清晰的 AI 工具市场图谱，揭示各 AI 工具之间的异同点，以及它们在未来战场上的战略布局与竞争态势。

1.2.1 技术架构对比

DeepSeek 相较于其他主流 AI 大模型，在技术架构上的独特之处显著体现在模型结构、训练数据源、上下文处理能力及参数量配置等多个维度，具体差异概览如表 1-1 所示（注：表中部分数据截止时间为 2024 年）。

表 1-1　DeepSeek 与其他主流 AI 大模型技术架构的对比

模　型	模型结构	训练数据	上下文窗口	参数量	算法创新
DeepSeek	（Transformer + MoE）混合架构	大规模中文语料库 + 行业知识库	128K tokens	671B	高效推理与定制化开发
GPT-4	Transformer 架构	多样化语言数据（英文为主）	128K tokens	1.8T	千亿级别参数量，强大语言生成能力
Claude 3	Transformer 架构	高质量语言数据（英文为主）	200K tokens	137B	道德与安全性能优化
Gemini 1.5	MoE 架构	文本、图像、音频等多模态数据	1M tokens	137B	跨模态理解与生成能力
文心一言	ERNIE 4.0 + 知识增强	百度搜索数据 / 中文百科	16K tokens	260B	面向中文语境的优化
豆包	轻量化 Transformer	社交媒体语料 / 短视频文本	32K tokens	130B	实时性与准确性并重
讯飞星火	Transformer	语音转录数据 / 专业术语库	48K tokens	130B	语音与自然语言处理融合

DeepSeek 在性能表现上已显著超越多数主流开源模型，包括但不限于 Qwen2.5-72B 和 Llama-3.1-405B。更令人瞩目的是，其在部分关键能力上已经达到了 GPT-4、Claude-3.5-Sonnet 等顶尖闭源模型的水平。如图 1-3 所示，这一卓越的性能提升得到了充分的数据支持。

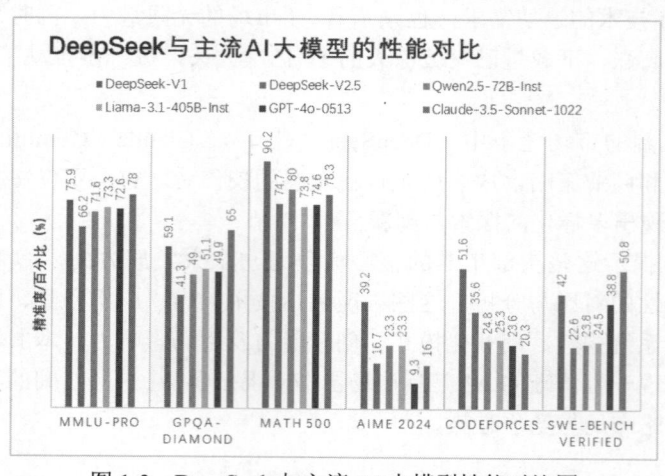

图 1-3　DeepSeek 与主流 AI 大模型性能对比图

1.2.2 核心功能与场景适配

AI 大模型的核心功能主要有文本输出能力、代码编写推理能力、多模态处理能力等方面，下面将围绕这几个关键方面详细分析 DeepSeek 与当前主流大模型在核心功能上的区别，具体内容如表 1-2 所示。

表 1-2　DeepSeek 与其他主流 AI 大模型核心功能的对比（5 分制评分）

模　　型	中文创作	代码生成	多模态处理	实时信息获取	语音交互
DeepSeek	4.8	3.5	2.0	1.5	1.0
GPT-4	3.5	4.7	4.0	3.0	2.5
Claude 3	3.2	3.0	3.5	2.5	1.8
Gemini 1.5	3.0	4.0	4.8	4.5	3.0
文心一言	4.5	3.2	3.0	4.2	3.5
豆包	4.0	2.5	3.2	3.8	2.0
讯飞星火	4.2	2.8	4.5	3.5	4.8

由表 1-2 可以清晰地观察到，各个 AI 大模型均展现出独特的专长与优势，同时也存在一定的局限性。例如，DeepSeek 在中文内容的创作与代码生成方面表现尤为突出，其深度学习与自然语言处理技术在这些领域达到了领先水平。然而，相较于其他模型，DeepSeek 在跨模态信息处理（如图像、音频与文本的融合处理）及实时交互处理方面可能还有一定的提升空间。

因此，在实际应用过程中，应当根据自身的业务需求与具体场景，谨慎选择最合适的 AI 大模型。这需要充分了解每个模型的核心功能与特点，评估其在特定任务中的表现与潜力，从而确保所选 AI 大模型能够最大限度地满足需求，并带来实际的价值与效益。

下面是一些 AI 大模型在实际生活中的典型案例。

1. DeepSeek

- 医疗健康：DeepSeek 在养老领域有显著应用。例如，美年健康旗下的血糖管理 AI 智能体"糖豆"接入了 DeepSeek 技术，通过对客户实时血糖数据等进行深度分析，能够生成个性化的健康管理方案，帮助客户预防和管理糖尿病、脂肪肝等慢性疾病。此外，DeepSeek 技术还被应用于认知康复机器人系统，如华鹊景的 Wisebot C 系列认知康复机器人，通过 DeepSeek 的深度学习和数据分析能力，结合设备本身的前沿科技，能够精准捕捉用户的认知状态和行为模式，进行实时分析，并生成高精度的认知评估报告，实现训练内容的个性化定制。
- 养老服务：上海市政府印发的《上海市推进养老科技创新发展行动方案（2024—2027年）》中提出，要加强技术攻关、产品开发和服务平台建设，应用 AI 技术提升养老服务水平。例如，开发智能仿生机器宠物、陪伴（社交）机器人等产品，应用语音、人脸、情感、动作识别和环境感知等技术，提升语音识别、情感回应、智能交互等功能。DeepSeek 能够对这些"AI+服务"提供有力的支持。

2. ChatGPT

- 游戏开发：设计师可以用 GPT-4 快速开发游戏。例如，产品设计师 Ammaar Reshi 在不到 20 分钟实现了 GPT-4 编写的贪吃蛇游戏的源代码；来自波兰的 Felix Bade 在 GPT-4 的帮助下，在 2.5 小时内完成了 WebGL 上制作超快运行的生活彩色游戏。
- PPT 制作：TOME App 是一款 AI 驱动的 PPT 制作工具，其将 GPT-4 集成到产品中，可以实现几秒内将编写的文档整合到幻灯片中。

3. Claude 3

- 发票、证件及车牌识别：在数字化时代，图片中的信息提取成为一项至关重要的技术，尤其在财务管理、身份验证及交通管理等领域。Claude 3 凭借强大的自然语言处理与跨模态学习能力，为这些场景下的图像识别带来了革命性的改变。其内置的 OCR 模块经过优化，能够处理多种字体、大小、方向乃至复杂背景的图片，大大提高了识别的准确性和鲁棒性。例如，在机场、银行或政府机构等场景，Claude 3 能够快速读取身份证、护照等证件上的个人信息，实现快速身份验证；通过集成 Claude 3 的图像识别能力，智能交通系统可以实时捕捉并识别车辆车牌号码。

4. Gemini 1.5

- 详细图像描述：Gemini 不仅能识别图像中的物体，还能深入理解图像内容，并生成详细、准确的描述。用户可以根据需求定制描述的长度、语气和风格，让机器用人类的语言来"讲述"图像故事。这一功能在产品质量检测、市场调研等方面有广泛应用。
- 长文档理解与分析：Gemini 能够理解并处理超过 1000 页的 PDF 文档。借助其内置的视觉功能，Gemini 可以准确地调整表格，解读复杂的多列排版布局，理解文档中的图表、草图、地图及手写文本，并利用这些文本和视觉信息来执行高质量的任务。例如，Gemini 可以从大量财报中提取关键数据，生成数据表格和图表。
- "现实世界"文档理解：Gemini 不仅能处理电子文档，还能理解各种"现实世界"的文档，如收据、标签、标识牌、便条、白板草图、个人记录等。它可以从这些文档中提取关键信息，并以结构化的方式呈现。

5. 文心一言

- 智慧医疗教育：天佑星河团队开发了"智慧医疗教育系统"，运用文心大模型模拟病患，为医学生提供一个仿真、互动的学习环境。通过与模拟病患交流，医学生可以锻炼诊断能力、沟通技巧和临床思维。
- 家庭故事讲述者：家长忙碌或不在家时，可利用 AI 声音定制功能为孩子录制睡前故事或教育内容，让孩子能听到熟悉的声音，感受到家长的关爱。
- 节日祝福语音定制：用户可以定制节日祝福语音，发送给亲朋好友，增添节日气氛和个人情感，如定制一段带有自己独特风格的新年祝福语音发给家人。

6. 豆包

- 商品销售：领克汽车为加快大模型技术的落地应用，与火山引擎达成合作，基于豆包大模型推出了SalesCopilot。SalesCopilot已全面整合至领克汽车的直营销售系统之中，为终端销售顾问提供诸如实时数据分析、客户行为预测、客户对练和评价总结及个性化销售策略建议等服务。豆包大模型的应用提升了领克汽车销售顾问的销售效率，成为他们的"得力助手"。
- 视频生成：豆包视频生成大模型在2024年发布，标志着字节跳动正式进军AI视频生成领域。这一功能特别适用于电子商务（以下简称电商）直播中的商品展示和宣传视频制作。
- 陪伴类应用：豆包大模型还可以应用于AI陪伴类赛道，如电商直播中的虚拟主播或智能助手，提供实时的互动和咨询服务。

7. 讯飞星火
- 政务服务：黄山市政府为了提升政务服务效能，依托讯飞星火认知大模型的能力，推出了新一代政府网站智能问答系统"AI+政务问答"。该系统能够准确理解并依据实时权威信息提供专业的回答，无论是咨询政策还是办事需求。系统还具备输入联想、逻辑推理、辅助提问、追问模式、意图识别、办事区域识别等多项能力，提供便捷流畅的人机对话服务。有效解决了政府网站智能问答系统普遍存在的"问而不答，答非所问"的问题，提升了政府服务的效率和满意度。
- 文旅宣传：在第七届数字中国建设峰会上，利川文旅大模型作为全国首个县域级文旅大模型亮相。该模型基于讯飞星火大模型能力及利川智算中心的算力基础，结合利川本地丰富的文旅数据资源打造而成，面向游客、企业、政府贯穿吃、住、行、游、购、娱等多场景提供智慧服务。虽然利川文旅大模型主要服务于文旅领域，但其背后的讯飞星火技术同样为政务热线提供了技术支持和借鉴，展示了讯飞星火在智慧城市建设中的广泛应用潜力。

1.2.3 用户群体与商业化路径

各种AI大模型因其核心功能的差异，自然而然地吸引了具有特定需求的用户群体，进而形成了各自鲜明的核心用户群。这种用户偏好的形成，源于AI大模型在解决特定问题或满足特定需求上的卓越表现。表1-3详细展示了主流AI大模型的用户定位统计，揭示了不同AI大模型的核心用户特征。

表1-3 主流AI大模型的用户定位统计

模型	核心用户群	典型应用	付费转化率	客单价	续费率
DeepSeek	金融/法律机构	合同审查、行业报告生成等	32%	8万～50万元/年	78%
GPT-4	跨国企业/开发者	产品运行设计、多语言支持等	65%	2万～20万元/年	82%

续表

模型	核心用户群	典型应用	付费转化率	客单价	续费率
Claude 3	医疗/跨国法务部门	患者隐私脱敏处理、跨境合同合规审查、伦理审查报告	48%	1.5万～12万美元/年	69%
Gemini 1.5	媒体/科研机构	4K视频智能剪辑、跨模态论文写作、卫星影像分析	57%	3万～25万美元/年	85%
文心一言	中小企业	电子商务营销文案、搜索引擎优化、政务公文智能写作	28%	5千～8万元/年	63%
豆包	自媒体/电商	短视频分镜脚本、直播实时话术推荐、评论区智能回复	19%	免费+广告分成	41%
讯飞星火	政务/客服中心	12345热线语义分析、智能外呼质检、方言电话转写	41%	3万～15万元/年	88%

数据注解：

（1）付费转化率计算基准：注册后30天内完成首单支付的企业用户占比（豆包按创作者广告收益超500元计）。

（2）典型场景延伸：
- Claude 3在医疗场景的隐私保护符合HIPAA标准，处理速度达200页/分钟。
- Gemini 1.5支持8K视频实时分析，时延控制在300ms以内。

（3）价格策略差异：
- 国际工具（GPT-4/Claude/Gemini）采用token阶梯计价。
- 国内工具多采用场景模块订阅制。

（4）续费驱动因素：
- DeepSeek的行业知识库季度更新率达92%。
- 讯飞星火方言支持覆盖中国34种地方语言。

1.2.4 数据安全与政策适配

AI大模型在实际应用过程中，数据安全与政策合规性构成了两大核心挑战，它们直接关乎模型的法律地位、用户隐私权的维护及模型的平稳运行。以下是对当前主流AI大模型在数据安全方面的分析概览，具体内容如表1-4所示。

表 1-4　DeepSeek 与其他主流 AI 大模型数据安全的对比

模　型	中国算法备案	GDPR 合规	等级三保	私有化部署
DeepSeek	✓	✗	✓	✓
GPT-4	✗	✓	✗	企业版
Claude 3	✗	✓	✗	✗
Gemini 1.5	✗	✓	✗	✗
文心一言	✓	✗	✓	✓
豆包	✓	✗	✓	✓
讯飞星火	✓	✗	✓	✓

说明：

（1）中国算法备案：国内模型（如文心一言、讯飞星火、豆包等）通常已完成备案，而国外模型（如 GPT-4、Gemini 1.5、Claude 3）未备案。

（2）GDPR 合规：国外模型（GPT-4、Gemini 1.5、Claude 3）更注重欧洲数据保护合规，国内模型较少专门适配。

（3）等保三级：国内模型需满足中国信息安全等级保护要求，国外模型通常不参与。

（4）私有化部署：国内模型普遍支持私有化部署，而国外模型仅部分提供企业版（如 GPT-4），其他如 Claude 3、Gemini 1.5 等暂不支持。

备注：

- 豆包（字节跳动旗下）默认继承国内模型的合规特征。
- Gemini 1.5 作为 Gemini 的升级版，合规性与原版一致。
- Claude 3 作为海外模型，未适配中国本土认证。
- 国际模型（如 GPT-4）在中国境内使用存在数据跨境风险。
- 豆包因依赖 UGC 内容，需警惕生成内容的版权纠纷。

1.2.5　未来趋势与选型建议

随着 DeepSeek 的爆火，AI 大模型这一人工智能领域的璀璨明珠吸引了越来越多圈内圈外人士的关注。在这个科技日新月异的时代，AI 大模型正经历着一场波澜壮阔的变革，迎来了前所未有的发展机遇。然而，这条通往未来的快速发展之路并非坦途，而是布满了重重挑战与考验。这些挑战犹如试金石，不仅磨砺着大模型行业的韧性与应变能力，更为其指明了前行的方向。它们激励着整个行业不断探索、创新与突破，以期在科技的浩瀚海洋中乘风破浪，扬帆远航，开创出更加辉煌灿烂的明天。

1. 未来发展趋势

1）技术融合与多模态交互

- AI 大模型将更加注重多模态整合能力的提升，通过整合文本、图像、语音、视频等多种形式的信息，实现更加精准和可靠的决策。
- 新型技术路线如强化学习、知识计算、符号推理等将被广泛探索和应用，以进一步拓展 AI 大模型的应用场景和提升其性能。

2）商业化应用深化

- 随着技术的不断成熟和市场规模的持续扩大，AI 大模型将加速向商业化应用转型，为各行各业提供更加专业和定制化的解决方案。
- 企业将更加注重 AI 大模型在特定行业的应用价值，通过深度挖掘和整合行业数据，推动 AI 技术在行业内的广泛应用和落地。

3）开源化与生态共建

- 基础 AI 通用大模型将进一步开源化，降低技术门槛，促进整个 AI 生态的繁荣与发展。
- 开源化将有助于打造国产软件行业生态，提升国内 AI 产业的国际竞争力，同时促进全球范围内的技术交流与合作。

4）成本优化与规模化部署

- 为了降低使用门槛和提升用户接纳度，多家公司将下调旗下大模型产品的价格，使其更加亲民和易于普及。
- 规模化部署将成为主流趋势，企业将通过本地化部署、公有云 API、边缘计算等多种方式接入 AI 大模型，实现更加高效和灵活的应用。

在多模态竞争日益激烈的当下，Gemini 宣布即将推出创新的"视频生成即服务"解决方案，旨在为用户提供高效、便捷的视频创作体验。与此同时，讯飞星火也不甘落后，正全力研发"3D 虚拟人交互"技术，以期在人机交互领域实现新的突破。

在轻量化趋势方面，豆包紧跟时代步伐，计划推出手机端 1B 参数模型。该模型不仅体积小巧、运行流畅，而且延迟极低，低于 500ms，将为用户带来更加流畅、实时的使用体验。

此外，随着全球对 AI 监管的日益重视，DeepSeek 积极响应政策要求，正在积极申请欧盟 AI 法案认证。这一举措不仅体现了 DeepSeek 对合规经营的重视，更为其未来在欧洲市场的拓展奠定了坚实的基础。

2. 选型策略

1）DeepSeek

- 适用场景：DeepSeek 作为推理模型，具有强大的逻辑思考、数理计算和代码生成能力，适合用于深度问答、自主 Agent、智能推荐等复杂场景。
- 优势：开源模型，支持各类应用厂商进行微调、蒸馏和定制开发，产生更加适配自身下游应用的小模型，降低开发成本和时间。

2）GPT-4
- 适用场景：GPT-4 以全面的语言理解和生成能力著称，适合处理高度复杂的文本生成、对话系统、文本摘要等任务。
- 优势：技术成熟，性能稳定，适用于对稳定性和高质量要求较高的应用场景，如金融、教育、医疗等领域。

3）Claude 3
- 适用场景：Claude 3 在推理、数学、编码、多语言理解和视觉方面表现出色，适合需要综合 AI 能力的场景，如跨语言交流、智能客服、图像识别等。
- 优势：个性化和创造性文本生成能力突出，同时注重 AI 安全问题，确保 AI 系统的行动目标与人类目标一致，提升用户体验和信任度。

4）Gemini 1.5
- 适用场景：Gemini 1.5 以快速反应和高效信息处理能力受到市场的青睐，适合对速度有高要求的用户，如实时翻译、智能问答、新闻摘要等。
- 优势：提供多种版本以满足不同需求，如 Gemini 1.5 Flash 以闪电般的输出速度领先于其他模型，提升了用户满意度和效率。

5）文心一言
- 适用场景：文心一言专门针对中文优化，理解深刻，适合主要面向中文用户的应用，如中文问答、中文文本生成、中文情感分析等。
- 优势：集成多种 AI 技术，功能全面，适合跨领域复杂问题解决和多语言支持，同时提供丰富的中文语料库和训练资源。

6）豆包与讯飞星火
- 豆包：更注重轻量化和小型化应用，适合预算有限或资源受限的项目，如移动应用、嵌入式设备等。
- 讯飞星火：在语音识别和自然语言处理方面具有优势，适合需要语音交互的应用场景，如智能家居、车载语音助手等。

3. 选型建议

在选择 AI 大模型时，建议根据具体需求和预算进行综合考虑。以下是一些建议。
- 明确应用场景：根据项目的具体需求和应用场景，选择最适合的 AI 大模型。
- 评估性能与稳定性：对候选模型的性能、稳定性、准确性等进行全面评估，确保满足项目要求。
- 考虑成本与预算：根据项目的预算和成本要求，选择性价比最高的 AI 大模型。
- 关注技术路线与生态：了解候选模型的技术路线和生态支持情况，确保与项目的技术架构和生态系统相兼容。

AI 大模型选型决策树如下：
是否需要中文长文本处理？
┠── 是 → DeepSeek/ 文心一言
┗── 否 → 是否需要多模态？

```
├── 是 → Gemini/ 讯飞星火
└── 否 → 是否需要最高创造力？
    ├── 是 → GPT-4
    └── 否 → Claude（合规优先）
```

综上所述，未来主流 AI 大模型将呈现技术融合、商业化应用深化、开源化与生态共建及成本优化与规模化部署等趋势。在选型时，建议根据具体应用场景、性能需求、预算及技术路线等因素进行综合考虑和选择。

中国 AI 大模型目前以 DeepSeek、文心一言、讯飞星火等模型为领军集团，牢牢把控着专业文本能力、通用智能能力、语音交互能力等方面的高地；国际模型虽然在部分能力上仍保持技术领先性，但是在本土化合规化方面面临严峻挑战。建议企业采用混合架构：核心业务用国产模型，创新场景接入 GPT-4/Gemini API 等国际主流模型。

1.3　DeepSeek 能力概览及应用落地的深度解析

DeepSeek 作为当前国内外备受瞩目的 AI 大模型佼佼者，其卓越能力已经广泛渗透到人们日常生活的方方面面，为人们的生活带来了前所未有的便捷与智能体验。DeepSeek 能力图谱如图 1-4 所示。

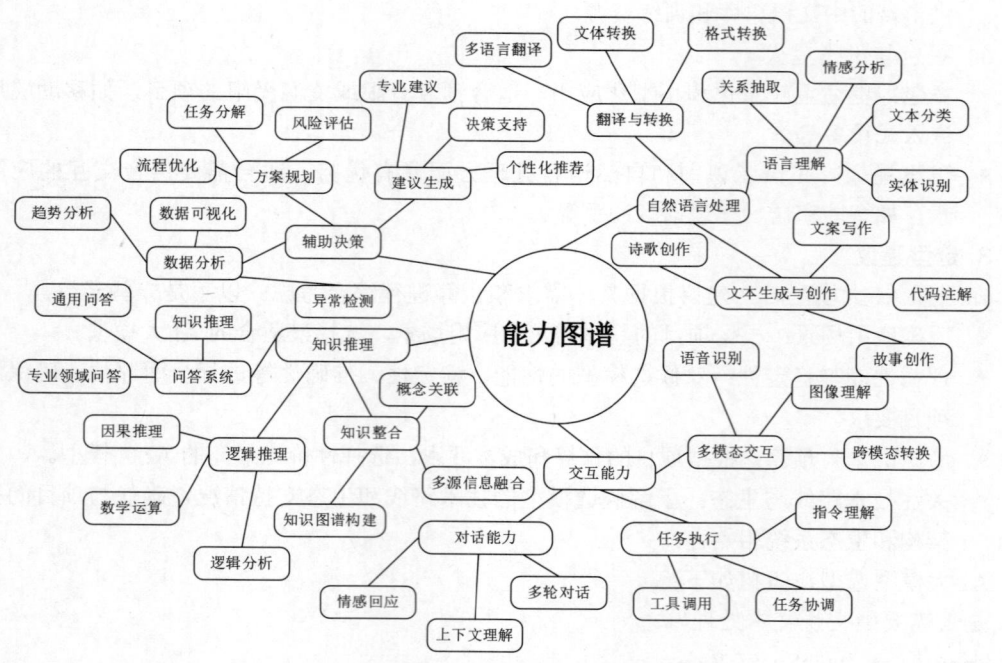

图 1-4　DeepSeek 能力图谱

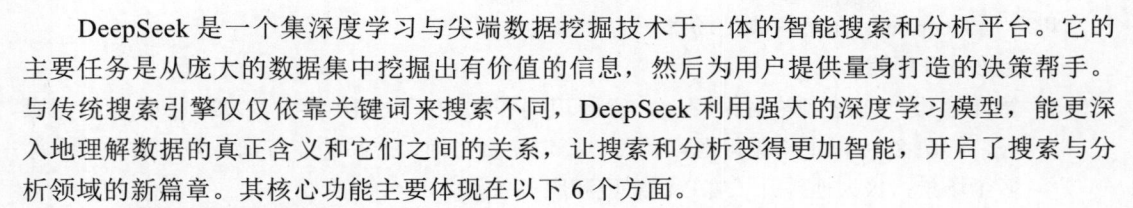

DeepSeek 是一个集深度学习与尖端数据挖掘技术于一体的智能搜索和分析平台。它的主要任务是从庞大的数据集中挖掘出有价值的信息，然后为用户提供量身打造的决策帮手。与传统搜索引擎仅仅依靠关键词来搜索不同，DeepSeek 利用强大的深度学习模型，能更深入地理解数据的真正含义和它们之间的关系，让搜索和分析变得更加智能，开启了搜索与分析领域的新篇章。其核心功能主要体现在以下 6 个方面。

1. 自然语言处理（NLP）

- 多语言理解与生成：支持中英文及其他主流语言的文本分析、摘要生成、翻译、问答等任务，具备上下文感知能力。
- 意图识别与情感分析：精准识别用户需求（如客服场景中的投诉分类）及文本情感倾向（如社交媒体舆情监控）。
- 复杂推理与逻辑处理：支持数学计算、代码生成、知识问答等需要多步推理的任务。

2. 多模态交互能力

- 图文结合处理：支持图像描述生成（如电商商品图转文案）、图文问答（如医疗报告分析）。
- 语音交互：集成语音识别（ASR）与语音合成（TTS），适用于智能硬件、语音助手等场景。

3. 定制化模型训练

- 垂直领域适配：通过微调（Fine-tuning）快速适配金融、医疗、法律等专业领域需求。
- 轻量化部署：提供模型压缩技术（如剪枝、量化），满足边缘计算或低资源环境部署。

4. 高效训练与推理

- 分布式训练优化：支持千亿参数模型的高效训练，降低算力成本。
- 低延迟推理：通过模型优化和硬件适配，实现高并发场景下的实时响应（如智能客服对话）。

5. 知识库增强（RAG）

- 动态知识检索：结合企业私有知识库，提升问答准确性与时效性（如企业内部知识管理系统）。
- 实时数据融合：支持接入外部 API 或数据库，动态更新模型知识（如金融行情分析）。

6. API 与开发者生态

- 提供标准化 API，支持快速集成至企业现有系统。
- 开放模型训练工具链（如 DeepSeek-R1 框架），降低开发者的使用门槛。

借助 DeepSeek 的强大功能，我们能够在多种工作与生活场景中迅速攻克那些原本耗时费力、错综复杂的任务。无论是数据分析、信息检索，还是决策支持、问题解决，DeepSeek 都能凭借先进的深度学习和数据挖掘技术，提供精准、高效的解决方案，从而显著提升工作效率，让我们在快节奏的工作环境中更加游刃有余，轻松应对各种挑战。

以下是 DeepSeek 在某些典型场景下的具体应用示例。

1. 企业服务领域
- 智能客服：通过多轮对话管理、意图识别和知识库联动，实现 7×24 小时自动化服务，解决 80% 以上常见问题，涵盖电商退换货咨询、产品功能咨询、售后服务请求等多个场景，极大地提升了客户满意度和服务效率。
- 文档自动化：合同关键信息抽取、报告生成。例如，在律所中能够借助 AI 大模型从合同中提取关键信息，然后快速生成法律文书、财务报告、市场分析报告等文书，能够迅速案件材料，为律师节省宝贵的时间，使之专注于策略制定。

2. 内容创作与营销
- 个性化内容生成：基于大数据分析和用户画像技术，系统能够自动生成高度个性化的广告文案、社交媒体推文、电子邮件营销内容等。例如，在电商促销中，用户只需提供活动主题、目标受众、预算等关键信息，即可生成一系列创意活动方案，包括活动形式（如限时抢购、满减优惠、积分兑换等）、宣传口号、社交媒体推广策略（如微博话题挑战、抖音短视频营销作等）。此外，系统还能根据不同产品的特点和受众需求，生成有针对性的营销文案，助力产品精准推广和销售增长。
- 多模态营销素材：结合图像识别、语音识别等人工智能技术，系统能够自动生成"图文 + 短视频 + 音频"等多种形式的营销素材。为旅游产品推广、新品发布、品牌宣传等营销活动提供丰富多样的宣传材料，增强用户的互动体验和参与感。
- 旅行规划：快速搜索分析大量旅游信息，生成旅游攻略。例如，提供目的地、出发时间、个人偏好等关键信息，就可以生成详尽的旅游攻略。包含旅游路线、出行方式、必去景点、特色美食、舒适的住宿，使旅客的旅行更加便捷与有趣。

3. 科研与教育
- 学术文献分析：快速提取论文核心结论，辅助科研人员文献综述。特别是在生物医药、材料科学、信息技术等领域的新药研究、前沿技术探索等方面发挥重要作用。
- 个性化教学：基于学生的学习行为和成绩数据，系统能够智能分析学生的学习需求和薄弱环节，生成针对性的学习方案和教学计划，实现因材施教和个性化教学。例如，在历史教学时，可以搜索某个历史事件的详细资料，生成与其相关趣味故事，帮助学生更好地理解历史知识，实现生动化教学。

4. 金融与风控
- 自动化报告生成：实时解析财报数据、市场动态和宏观经济指标等信息，自动生成投资建议摘要、风险评估报告、市场趋势预测等金融分析报告，助力金融机构和投资者快速把握市场动态和投资机会，如券商研究报告自动化。
- 风险预测：合舆情数据、历史交易记录、用户行为特征等多源信息，系统能够运用机器学习模型识别潜在欺诈行为和风险事件，如信用卡欺诈、网络钓鱼攻击、异常交易行为等，提高风险预警的准确性和及时性，有效保障企业和个人资金安全。

5. 医疗健康
- 辅助诊断：基于深度学习算法和医学知识库，系统能够根据患者的症状描述、病史信息和检查结果等数据，提供初步的诊断建议和治疗方案推荐，如罕见病筛查、慢性病管理等，为患者提供及时、准确的医疗指导。
- 病历结构化：利用自然语言处理和光学字符识别等技术，系统能够将非结构化病历文本转换为标准化数据库格式，如电子健康档案、临床路径管理等，便于医生快速查阅和诊断，提高医疗服务效率和质量。

6. 工业与物联网
- 设备故障排查：通过自然语言处理和知识图谱技术，系统能够智能识别用户描述的设备异常现象和故障信息，快速输出维修方案和故障排查流程，如制造业设备维护知识库、智能工厂运维管理等，降低设备停机时间和维修成本。
- 多模态监控：结合传感器数据、视频监控、声音识别等多维度信息源，系统能够运用AI算法进行异常预警和故障预测，如电力系统故障检测、智能制造过程监控等，确保工业运行的安全稳定和高效生产。

1.4　DeepSeek 高效使用秘籍：基础配置与流程操作指南

DeepSeek 作为一款备受欢迎的 AI 大模型，凭借其卓越的性能和广泛的应用场景，迅速在市场中脱颖而出。为了满足不同用户群体的多样化需求，DeepSeek 提供了多种灵活的使用方式，确保每位用户都能找到最适合自己的应用途径。

1. **本地部署**

1）用户群体
- 主要面向有强大技术团队和算力的企业或个人。
- 需要对数据安全和隐私保护有极高要求的企业，如金融、医疗等行业。
- 需要对模型进行深度定制或优化的高级用户。

2）特点
- 用户完全掌握数据和模型的控制权，自主可控性强。
- 数据不离开本地，满足高安全要求。
- 需要强大的 GPU/TPU 算力支持，部署成本较高。
- 维护和优化难度较大，需要专业团队支持。

DeepSeek 除了提供满血版的 671b（6710 亿参数量）模型，还提供了若干蒸馏版本，如 1.5b、7b、8b、14b、32b（数字标识蒸馏模型的参数量，数字越小说明模型的参数量越小）等。以最小的 1.5b 蒸馏版本为例，仅有 1.1GB 内存或显存要求，可以十分轻松地运行在个人计算机上。本地部署 DeepSeek 运行效果如图 1-5 所示。

由于 DeepSeek-R1-1.5b 蒸馏版本对硬件的要求极低，所以，其能够提供的服务与效果自然有所不足。想要获取更为完善的体验，需要安装参数量更多的版本，与此同时，对于硬件的要求也水涨船高。满血版的 671b 模型，对于内存与显存的需求高达 404GB，想要进行本地部署，硬件费用超过 2000 万，对于普通用户来说无疑是一个天文数字。

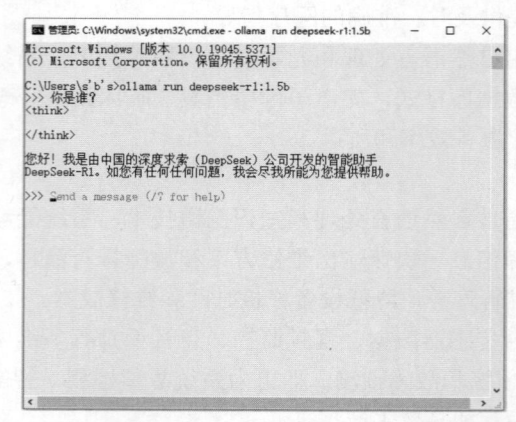

图 1-5　DeepSeek-R1-1.5b 蒸馏版本本地运行效果图

2. 云端部署

1）用户群体

- 中小企业、初创企业或个人开发者。
- 需要灵活扩展计算资源的企业或个人。
- 对数据安全有一定要求，但可以接受云服务提供商的安全保障措施的用户。

2）特点

- 弹性扩展性强，可以根据业务需求灵活调整计算资源。
- 用户无须购买和维护高性能的本地设备，降低了硬件成本。
- 计算资源按需付费，成本可控。
- 依赖云服务，网络延迟可能影响实时性。
- 数据存储在云端，部分企业可能有安全顾虑。

对于一些想要部署个人的 DeepSeek 大模型的个人与企业，可能无力承担 DeepSeek 高版本的高昂硬件费用，但是又需要性能较强的 AI 模型。此时选择租用一些服务商（如阿里云、华为云、腾讯云等）的硬件，实现 AI 模型的云端部署，不失为一个好的方案。以较低的服务费用租用到性能更强的硬件，来部署尽可能高版本的 DeepSeek 模型，从而获取更好的体验。

3. 直接使用 API

1）用户群体

- 需要快速集成 DeepSeek 功能的开发者或企业。
- 轻量级应用开发者，如 AI 助手、文本生成、智能问答等。
- 对成本有严格控制，希望按调用量付费的用户。

2）特点

- 即开即用，开发门槛低。
- 灵活性较低，无法进行深度定制。

- API 调用速率和成本可能受限。
- 适用于需要快速验证产品原型的团队或个人。

如果对于数据安全方面或私有化模型没有严格的要求，并且成本有限，则可用使用 DeepSeek 官方提供的 API 服务，可以花费极低的费用使用到完善的 AI 模型能力。DeepSeek 模型的 API 费用明细如表 1-5 所示。

表 1-5 DeepSeek 模型的 API 费用明细

模 型	上下文长度	最大思维链长度	最大输出长度	百万 token 输入价格（缓存命中）	百万 token 输入价格（缓存未命中）	百万 token 输出价格
DeepSeek-V3	64K	—	8K	0.5 元	2 元	8 元
DeepSeek-reasoner	64K	32K	8K	1 元	4 元	16 元

token 是模型用来表示自然语言文本的基本单位，也是计费单元，可以直观理解为"字"或"词"；通常 1 个中文词语、1 个英文单词、1 个数字或 1 个符号计为 1 个 token。

一般情况下，模型中 token 和字数的换算比例大致如下：
- 1 个英文字符 ≈ 0.3 个 token。
- 1 个中文字符 ≈ 0.6 个 token。

使用 DeepSeek 提供的 API 时，需要先前往 DeepSeek 开放平台（https://platform.deepseek.com/sign_in）注册一个 API 账号，然后进行费用充值。有关 DeepSeek 模型 API 方式的调用会在后面的章节中行详细介绍。

4．网页版与 App 版

1）用户群体
- 个人用户或小型团队。
- 需要快速、便捷地使用 DeepSeek 功能的用户。
- 对移动办公有需求的用户。

2）特点
- 使用便捷，无须安装额外的软件或配置环境。
- 功能相对简单，适合快速查询和对话。
- 网页版无须下载，App 版支持离线使用（但功能可能受限）。
- 适用于个人用户或需要快速验证产品功能的团队。

DeepSeek 不仅提供了便捷的网页版访问方式，还贴心地推出了 App 版本，确保用户能随时随地利用这一强大工具。用户只需简单地打开一个对话窗口，无须复杂设置或额外费用，即可直接享受 DeepSeek 模型的智能服务。无论是进行信息查询、文本创作，还是寻求专业建议，DeepSeek 都能以高效、直观的方式满足需求，让智能体验触手可及。

在网页端使用时，用户需要访问 https://chat.deepseek.com/ 网址，然后在页面的对话框中输入要询问的问题，单击"发送"按钮或按 Enter 键，即可进行询问并获取结果，如图 1-6 所示。

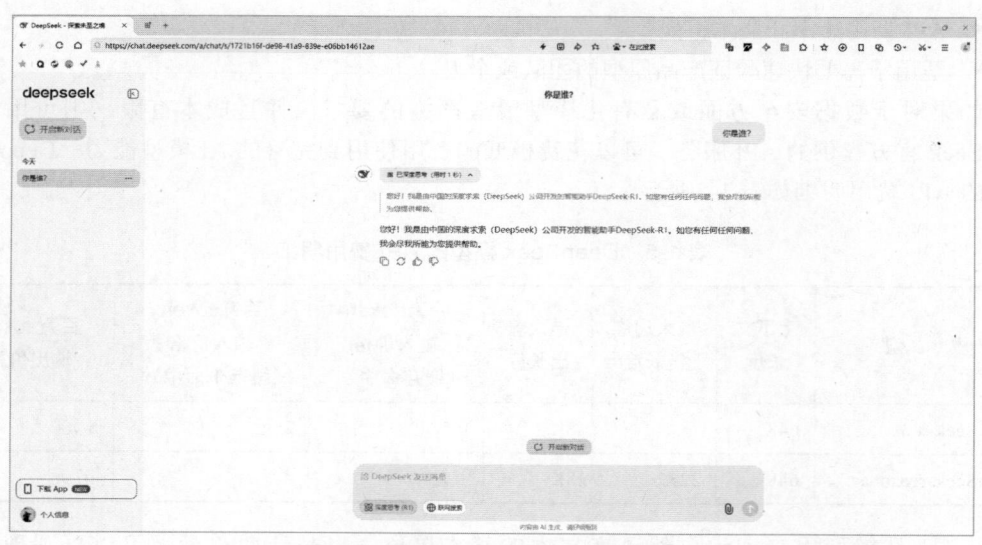

图 1-6 网页端使用 DeepSeek 效果图

在移动端使用时，用户前往手机等移动设备上自带的应用商店搜索 DeepSeek，然后进行下载与安装，通过手机号、微信、Apple ID 等方式进行登录，其使用方式与网页端的使用方式基本一致，如图 1-7 所示。

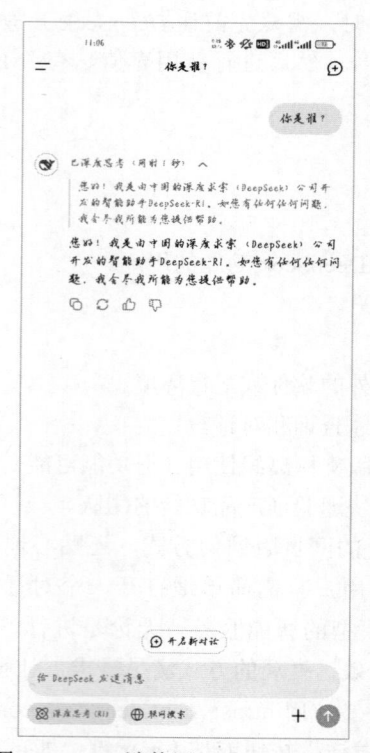

图 1-7 App 端使用 DeepSeek 效果图

1.5 未来展望：DeepSeek 与人工智能的融合创新

AI 技术正以前所未有的指数级速度重塑着社会生产力格局与人类生活方式，作为 AI 领域的深耕者与前沿探索者，DeepSeek 未来将以技术突破、场景应用、伦理安全及生态共建为核心支柱，引领人工智能向更加智能、普及与可信的方向迈进，力求实现技术与人类社会的深度融合与协同共进。以下是从 4 个关键维度对其发展路径的深入展望与优化。

1. 技术突破：迈向通用智能的稳健步伐

多模态融合与深度认知进化：打破单一模态的局限，构建跨文本、图像、语音、视频等多模态的理解与生成体系，通过模拟人类的感知—推理—决策闭环，实现情境化智能的飞跃。例如，开发能够综合医学影像与患者病史，精准生成诊断建议的医疗 AI 系统，显著提升诊断效率与准确性。

自主智能体的规模化应用：推动 AI 从辅助工具向协作伙伴的角色转变，研发具备长期记忆、复杂任务拆解能力及高度环境适应性的自主智能体。在工业场景中，这些智能体能够实时分析生产线数据，动态调整维护策略，并高效协调机器人作业，实现生产流程的智能化升级。

高效模型架构与绿色计算：积极探索模型压缩、动态稀疏化、分布式训练等前沿技术，旨在降低大模型的算力需求，实现轻量化模型的广泛应用。目标是打造出"低算力、高性能"的 AI 模型，助力中小企业以更低的成本部署 AI 技术，推动 AI 技术的普惠化进程。

2. 场景创新：深度垂直与广泛横向的双向拓展

垂直领域专家系统的深度挖掘：在医疗、教育、科研等关键领域，融合领域知识与 AI 推理能力，打造双引擎驱动的专家系统。例如，在教育领域，推出个性化学习路径规划系统，通过深入分析学生的认知特征与学习需求，动态生成自适应课程，提升学习效率与效果。

C 端智能体的无缝融入：开发"隐形 AI 助手"，如智能家居中的能耗优化系统、基于用户行为预测的日程管理工具等，实现 AI 服务的无感化渗透，让 AI 成为用户日常生活的得力助手。

科研领域的 AI 协同创新：构建科研大模型平台，为科学家提供文献挖掘、假设生成、实验模拟等全方位支持。特别是在生物制药领域，利用 AI 加速药物分子筛选与研发流程，缩短新药上市周期，为人类健康事业贡献力量。

3. 伦理与安全：构建可信 AI 的坚实基石

价值观对齐的技术框架：在人类反馈强化学习（RLHF）的基础上，引入社会学、伦理学等多领域专家知识库，确保 AI 的输出内容符合社会公序良俗与伦理规范。同时，建立"红队测试—风险评级—动态熔断"的全流程风险管控机制，确保 AI 系统的稳定运行与安全性。

数据隐私与主权保护：推动联邦学习、同态加密等技术的商业化应用，实现用户数据的"可用不可见"。探索基于区块链的 AI 训练数据确权体系，确保数据贡献者的合法权益得到保障。

对抗性攻击防御体系：构建涵盖输入检测、模型鲁棒性增强、输出过滤的三层防护网，特别是在金融、政务等高敏感场景中，达到军用级安全标准，有效抵御各类对抗性攻击与威胁。

4. 生态共建：开放协作的新时代范式

开源社区与开发者赋能：开放核心模型中间层 API 与模块化工具链（如微调套件、提示词库等），降低长尾场景的定制化门槛。设立开发者共创基金，支持医疗、农业等公益导向的 AI 应用开发，促进 AI 技术的广泛应用与普及。

产学研深度融合的创新网络：与高校、科研机构共建联合实验室，聚焦神经符号系统、脑机接口等前沿领域的研究。通过"产业需求清单"机制，将企业的实际场景痛点转化为科研命题，加速技术成果的转化与应用。

全球化治理的积极参与：牵头制定行业技术标准与规范（如 AI 可解释性评估指标），积极参与联合国等国际组织的人工智能伦理框架讨论，推动建立包容性、可持续的全球治理体系，为人工智能的健康发展贡献力量。

DeepSeek 的进化之路，是探索"技术向善"的深刻实践。通过持续的技术创新与场景拓展，DeepSeek 致力于让 AI 成为普惠大众的生产力工具，同时构建人机共生的伦理基石。未来，随着具身智能、量子计算等前沿技术的不断突破，DeepSeek 有望成为连接数字智能与人类文明的重要桥梁，重新定义"智能"的边界与价值。在这一过程中，技术创新与社会责任的双轮驱动将始终是其最核心的成长逻辑与动力源泉。

第 2 章

DeepSeek提问艺术与精准优化策略

本章概述

本章将引领读者深入探索 DeepSeek 在提问艺术与精准优化策略方面的独特魅力，旨在为读者提供一套全面而实用的方法论。从 AI 提示词的精妙运用开始，将揭示如何通过巧妙的提问引导 DeepSeek 生成更加精准、富有创意的答案，从而在人工智能的辅助下实现工作效率与创意产出的双重飞跃。

接着，将深入探讨 DeepSeek 在优化技巧方面的独到之处。通过详尽的解析与实例展示，读者将了解到如何利用 DeepSeek 对初始答案进行迭代优化，逐步逼近理想结果。这些优化技巧不仅涵盖基本的语法调整与语义细化，还涉及更高级的创意激发与逻辑梳理，确保读者能够在实际应用中游刃有余。

为了增强理论与实践的结合度，本章特别引入了一个实战案例——借助 DeepSeek 结合其他 AI 工具，实现毛坯房的装修效果图设计。在这个案例中，将详细展示如何利用 DeepSeek 生成初步的设计思路与元素，再借助其他专业 AI 工具进行细节优化与渲染，最终呈现出令人满意的装修效果图。通过这一实战演练，读者将深刻体会到 DeepSeek 在提升设计效率与创意质量方面的巨大潜力。

通过本章的学习，读者将对 DeepSeek 的提问艺术与精准优化策略有全面而深入的了解，能够明确其在提升工作效率与创意产出方面的独特价值，以及如何在实际工作中高效、灵活地运用它。这将为读者在人工智能辅助设计与实践领域的探索提供坚实的理论基础与实践指导。

知识导读

本章要点（已掌握的在方框中打钩）
- ☐ 了解什么是 AI 大模型的提示词。
- ☐ 提示词的优化技巧。
- ☐ 在实战案例中如何根据需求优化提示词。

当今社会，随着科技的进步，人工智能（AI）在多个领域都展现出了非凡的潜力，涵盖图像创作、文字处理及智能助手等多个方面。然而，在实际体验 AI 过程中，许多用户会感到困惑与失望。他们发现，尽管 AI 大模型的功能十分强大，给人一种非常聪明的感觉，有时甚至能够收获到意料之外的惊喜，但更多的时候，面对提问，AI 大模型给出的回复，往往是冗长而缺乏针对性的正确废话，甚至有时完全是胡言乱语，令人啼笑皆非。

深究这一现象，根源在于 AI 的理解能力受限于其训练数据和算法框架，尚未达到人类智慧的高度，无法完全实现独立思考和主观判断。若问题描述比较模糊或缺乏足够背景信息，AI 可能产生误导性推理或输出，导致回答的内容空洞无物，形似一本正经的废话。此外，AI 语言模型基于统计学习和模式匹配构建，其生成的文本虽语法正确，但可能逻辑不通或脱离现实。目前的 AI 在处理复杂问题时，尚缺乏人类所具备的常识和背景知识，这导致其在回答问题或生成内容时可能产生不合理结论或胡言乱语，导致回答的结果与询问的问题完全是驴唇不对马嘴的效果。

以图像领域为例，尽管许多修图、绘图 App 已融入 AI 技术，能够实现一些高度逼真的效果，但在处理复杂细节和纹理时，其精确度仍有待提升，并且进行绘画创作时，存在凭空臆造，不符合客观事实的现象存在。

文心一言绘画时的效果如图 2-1 所示。

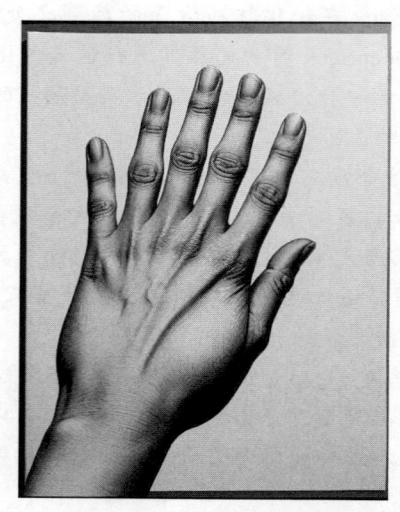

图 2-1　文心一言造出六根手指的手部特写

在文字 AI 方面，尽管 DeepSeek、文言一心等 AI 大模型广受好评，能够辅助用户搜索答案、撰写周报等，但也时常会出现长篇大论却言之无物，或者凭空生成虚假内容的情况，影响了用户的体验。

尽管 AI 在某些领域表现突出，但其局限性同样不容忽视。我们应清醒地认识到，AI 仅仅是一种工具，其效能取决于使用者的运用方式和技巧。只有掌握恰当的提问技巧和使用方法，并且结合 AI 的特点进行合理运用，才能充分发挥 AI 的优势，实现工作效率的显著提升。

2.1 AI提问深度剖析：如何直击问题核心

直击问题核心不仅是人类间进行有效沟通与高效解决问题的基石，在与AI的交互场景中，这一能力更是显得至关重要。AI系统的工作原理就像是听我们说话，然后帮忙做事的小助手。为了让这个小助手能快又好地完成我们交代的任务，我们需要说得清楚明白，直接指出想要它做什么或想知道什么。所以，当我们向AI提问时，直接指明问题的关键，不仅能够加快AI的处理速度，还能保证它给出的答案或做的事情正是符合我们要求的，这样我们的体验感就会更好。简单来说，向AI提问时直击要害，点明问题核心，就是既省时又保证质量的好方法。

2.1.1 明确需求：避免模糊与预设

1. 消除"默认共识"假设

在日常生活和工作中，许多用户在利用AI大模型进行信息查询、问题解答或创意生成时，往往会陷入一个常见的误区：他们倾向于过度乐观地评估AI大模型的理解力与适应性，认为这些经过高度复杂的算法训练而来的AI，能够轻松捕捉并准确解读提问中微妙且模糊的上下文信息，甚至是那些未明确表述的隐含需求。这种认知上的偏差，既有对AI技术能力的过高期待，也有对人类语言复杂性和多样性认知的不足。

实际上，尽管AI大模型如DeepSeek、GPT-4等在自然语言处理领域取得了显著进展，能够对大量的文本数据进行理解与处理，并且生成一些连贯的、颇具洞察力的回复，但它们的能力仍然受限于训练数据和算法架构的本质特性。这意味着，当面对一些含有歧义、模糊表述或高度依赖特定文化背景、个人经验的问题时，AI大模型可能无法像人类那样灵活且精准地把握问题的真正意图，领会问题中的"言外之意"。因此，用户的提问若未能清晰地、具体地界定问题的范围或深度，AI大模型的回答往往会趋向于宽泛而通用，甚至可能偏离用户的实际需求。

为了优化这一交互体验，用户需学会更有效地与AI大模型沟通。这包括采用明确、具体的语言描述问题，尽量避免使用含糊不清的表述；同时，也可以尝试通过提供额外的上下文信息或明确指示AI关注的关键点，来引导模型更准确地理解并回应需求。此外，了解AI模型的局限性，保持合理的期望值，也是提升使用体验的关键。

案例：一位从事淘宝母婴用品销售的电商运营人员，想要提高店铺的知名度，促进店铺的转化率，应该如何借助AI大模型实现？

模糊需求提问方式：询问"如何提高电商的转化率？"

提问内容存在的缺陷之处如下：

（1）缺乏具体性。

- 提问过于宽泛，没有指明具体的电商平台、产品类型、目标用户群体等关键信息。
- 由于缺乏具体背景，AI大模型可能只能提供一般性的建议，这些建议可能并不适用于特定的电商场景。

（2）缺乏时间限制。

- 没有设定明确的时间节点或时间范围，使得 AI 大模型无法提供具有时效性的策略。
- 缺乏时间限制可能导致回答过于笼统，无法指导电商运营人员立即采取行动。

（3）缺乏预算约束。

- 没有提及预算限制，AI 大模型可能提供超出实际预算范围的推广或优化建议。
- 预算是电商运营中重要的考虑因素，缺乏预算约束可能导致回答不切实际。

（4）缺乏评估标准。

- 没有设定明确的转化率提升目标或评估标准，使得 AI 大模型无法提供可量化的改进建议。
- 缺乏评估标准可能导致回答难以验证和改进。

采用模糊需求方式进行提问，AI 大模型给出的建议如图 2-2 所示。

提高电商的转化率是电商运营的重要目标之一，以下是一些具体的策略和方法：

一、优化店铺页面

1. **设计简洁美观的页面布局**：突出商品特色和卖点，提高用户购买欲望。避免页面过于复杂或混乱，导致用户流失。
2. **优化商品分类和筛选功能**：方便用户快速找到自己需要的商品，提高用户购物体验。
3. **提供详细的商品描述和图片**：包括商品的特点、使用方法、尺寸、材质等信息，以及高质量的产品视频和图片，帮助用户全面了解商品。

二、提供优质的客户服务

1. **及时回复用户咨询和投诉**：提高用户满意度和信任度，增加用户购买意愿。
2. **提供多种联系方式**：如在线客服、电话、邮件等，方便用户随时联系客服。
3. **建立完善的售后服务体系**：包括退换货政策、维修服务等，处理用户退换货和维修等问题，让用户购物无忧。

三、提供多种支付方式

提供支付宝、微信支付、银联支付等多种支付方式，以满足不同用户的需求，提高购买意愿和转化率。

四、优化商品价格和促销策略

1. **合理定价**：根据市场需求和竞争情况进行调整，确保价格具有竞争力。

（a）模糊需求提问回复内容 1

户随时了解订单状态。

六、加强社交媒体营销

1. **选择适合的社交媒体平台**：如微信、微博、抖音等，根据用户群体和特点进行选择。
2. **制定有针对性的营销策略**：如发布优惠促销信息、分享用户评价和晒单等，吸引用户关注和参与。
3. **加强与用户的互动和沟通**：回复用户评论和私信，提高用户参与度和粘性。

七、提供个性化定制服务

1. **制定品牌建设和口碑管理的策略和计划**：如发布品牌宣传信息、加强用户评价和晒单管理等。
2. **加强品牌形象的塑造和维护**：如设计品牌标识、制作品牌视频等，提高品牌知名度和美誉度。
3. **提供个性化定制服务**：根据用户需求提供个性化商品推荐或定制服务，满足用户个性化需求。

八、持续优化和改进

1. **收集用户反馈和数据**：了解用户需求和购买行为，为优化和改进提供依据。
2. **根据用户反馈和数据分析**：不断优化和改进店铺页面、客户服务、商品价格和促销策略、物流配送等方面。
3. **持续学习和关注行业动态**：了解行业趋势和发展方向，及时调整和优化电商运营策略。

综上所述，提高电商的转化率需要从多个方面入手，包括优化店铺页面、提供优质的客户服务、提供多种支付方式、优化商品价格和促销策略、提供快速便捷的物流配送、加强社交媒体营销、提供个性化定制服务以及持续优化和改进等。这些策略的实施将有助于提升电商平台的运营效率和用户购买意愿，从而提高转化率。

（b）模糊需求提问回复内容 2

图 2-2 “文心一言”对模糊需求提问方式的回复结果

要获取更好的回复效果，需要完善提示词，使其更加具体，上面的案例为电商推广类，完整的提示词可以从下面几个角度进行考虑：【平台】+【商品品类】+【目标要求】+【用户群体】+【预算金额】。

根据提示词格式可以将提问完善为以下格式：

“如何通过优化特定电商平台（如淘宝 / 京东）上的某类商品（如母婴用品）详情页，在接下来的一个月内将转化率从当前水平（如 1.2%）提升至目标水平（如 2.5%），目标用户为特定群体（如 90 后宝妈），且预算不超过一定金额（如 5 万元）？”

然后结合案例的具体内容对提问内容进行调整，最终明确清晰的提问方式如下：询问“如何通过优化淘宝母婴用品详情页，在 3 周内将转化率从 1.2% 提升至 2.5%？目标用户为 90 后宝妈，预算 5 万元。”回复结果如图 2-3 所示。

要在3周内将淘宝母婴用品详情页的转化率从1.2%提升至2.5%，针对90后宝妈这一目标用户群体，并预算5万元，可以从以下几个方面进行优化：

一、市场调研与消费者画像构建

1. **深入调研**：通过问卷调查、社交媒体分析等方式，深入了解90后宝妈的需求、购物偏好、关注点等。
2. **构建消费者画像**：基于调研数据，构建详细的消费者画像，包括年龄、地域、收入水平、购物习惯等，为后续优化提供精准指导。

二、详情页优化

1. 标题优化

- 使用简洁明了、包含有效关键词的标题，确保在60个字符内准确描述产品特点。
- 强调产品的独特卖点，如"热销爆款"、"限时优惠"等，吸引宝妈注意。

2. 图片优化

- 使用高清、多角度的产品图片，展示产品的细节和特点。
- 图片尺寸符合淘宝要求，建议使用800x800像素以上的正方形图片。
- 增加模特效果图，展示产品在实际使用中的效果，激发购买冲动。

3. 描述优化

（a）明确需求提问回复内容 1

- 文案简洁明了，避免冗长复杂的句子。
- 突出产品的特点、功能、材质等信息，让宝妈了解产品的全貌。
- 使用加粗、变色等排版方式，突出重点内容。

4. 情感化设计

- 融入温馨、有趣的情感元素，如可爱的插图、温馨的色调等，增加详情页的吸引力和亲和力。

5. 视频展示

- 制作产品使用场景、功能演示等视频，更直观地展示产品。
- 视频内容要简洁明了，时长控制在几分钟内，方便宝妈快速了解产品。

三、SEO优化与关联营销

1. **SEO优化**：对详情页的标题、描述、关键词等进行优化，提高在搜索引擎中的排名。
2. **关联营销**：展示与当前产品相关的其他产品，提高客单价和转化率。关联产品要与当前产品具有一定的关联性，避免过度推荐无关产品。

四、用户评价与互动

1. **展示真实用户评价**：引用买家评价或好评截图，增加产品的信任度。
2. **鼓励用户互动**：设置问答环节，鼓励宝妈在购买前提问并分享使用心得。

（b）明确需求提问回复内容 2

图 2-3 “文心一言”对明确需求提问方式的回复结果

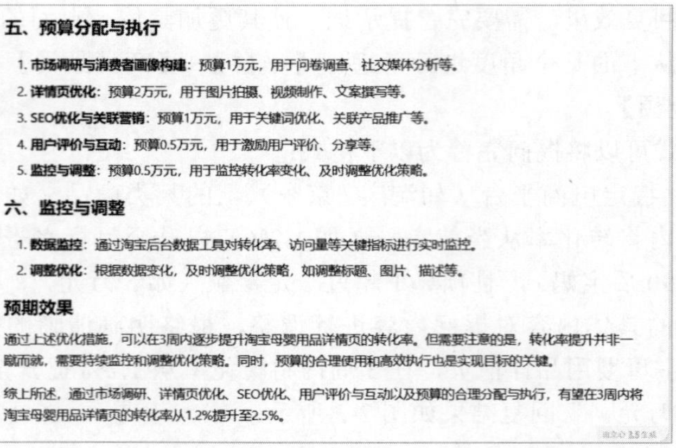
五、预算分配与执行

1. **市场调研与消费者画像构建**：预算1万元，用于问卷调查、社交媒体分析等。
2. **详情页优化**：预算2万元，用于图片拍摄、视频制作、文案撰写等。
3. **SEO优化与关联营销**：预算1万元，用于关键词优化、关联产品推广等。
4. **用户评价与互动**：预算0.5万元，用于激励用户评价、分享等。
5. **监控与调整**：预算0.5万元，用于监控转化率变化、及时调整优化策略。

六、监控与调整

1. **数据监控**：通过淘宝后台数据工具对转化率、访问量等关键指标进行实时监控。
2. **调整优化**：根据数据变化，及时调整优化策略，如调整标题、图片、描述等。

预期效果

通过上述优化措施，可以在3周内逐步提升淘宝母婴用品详情页的转化率。但需要注意的是，转化率提升并非一蹴而就，需要持续监控和调整优化策略。同时，预算的合理使用和高效执行也是实现目标的关键。

综上所述，通过市场调研、详情页优化、SEO优化、用户评价与互动以及预算的合理分配与执行，有望在3周内将淘宝母婴用品详情页的转化率从1.2%提升至2.5%。

（c）明确需求提问回复内容 3

图 2-3 “文心一言”对明确需求提问方式的回复结果（续）

提问技巧延伸：使用“数据 + 场景”公式，例如，“如何用 Python 的 Pandas 库，在 30 分钟内清洗 10 万条包含缺失值和重复项的销售数据？”

2. 拒绝开放式问题

在对 AI 大模型进行提问时，之所以拒绝开放式问题，主要是因为这类问题往往难以得到明确和具体的答案。开放式问题通常涉及主观判断、复杂思考或多种可能性，AI 在处理这类问题时可能无法准确理解提问者的意图或偏好，从而导致回答不够精确或满足期望。

因此，进行提问时，应当采用封闭式问题，这类问题通常有一个较为明确的答案与范围，可以让 AI 回答的结果更容易满足预期的要求。

案例：一位从事短视频内容创作的自媒体人，想要提高短视频的剪辑效率，从而加快视频发布速度，增加粉丝互动和观看量，应该如何借助 AI 大模型实现？

开放式提问方式：“短视频剪辑如何加速？”

提问内容存在的缺陷之处如下：

（1）缺乏具体性。

- 提问过于宽泛，没有指明具体的短视频平台（如抖音、快手）、视频类型（如娱乐、教育、生活分享等）、目标受众群体（如年轻人、家长、专业人士等）等关键信息。
- 由于缺乏具体背景，AI 大模型可能只能提供一般性的剪辑技巧或加速方法，这些方法可能并不适用于特定的短视频创作场景。

（2）缺乏技术细节。

- 提问没有涉及短视频剪辑的具体技术细节，如使用的剪辑软件、硬件配置、视频格式和分辨率等，这些信息对于提供针对性的加速建议至关重要。
- 缺乏技术细节可能导致 AI 大模型提供的建议与自媒体人的实际操作环境不匹配，从而无法实现预期的加速效果。

（3）缺乏时间限制和目标设定。

- 提问没有设定明确的时间限制或目标，使得 AI 大模型无法提供具有时效性的策略或具

第 2 章　DeepSeek 提问艺术与精准优化策略

体的改进目标。
- 缺乏时间限制和目标设定可能导致自媒体人在实施加速措施时缺乏紧迫感和方向性，难以有效监控和评估改进效果。

对开放式问题的回复结果如图 2-4 所示。

（a）开放式问题回复内容 1

（b）开放式问题回复内容 2

图 2-4　"文心一言"对开放式问题的回复结果

将"短视频剪辑如何加速？"这一开放式问题结合案例的实际内容，更改为一个封闭式问题。例如："作为一个使用 Adobe Premiere Pro 的中级剪辑师，我如何在不牺牲视频质量的前提下，利用现有配置（Intel 12 代酷睿 i5 CPU、16GB 内存）加速 4K 短视频的剪辑过程，以便将原本 4 小时的剪辑时间缩短至 2 小时？"回复结果如图 2-5 所示。

作为一个使用Adobe Premiere Pro的中级剪辑师，在不牺牲视频质量的前提下，你可以通过以下几种方法来加速4K短视频的剪辑过程，从而将原本4小时的剪辑时间缩短至2小时：

一、优化Premiere Pro设置

1. **内存和缓存设置**：
   - 确保Premiere Pro的内存使用设置得当。在Premiere Pro的"首选项"中，调整内存和缓存设置以最大化利用你的16GB内存。通常建议将内存分配给其他应用程序留出一些空间，但也要确保Premiere Pro有足够的内存来流畅运行。
   - 清理Premiere Pro的缓存，定期删除旧的缓存文件可以释放磁盘空间并提高性能。
2. **硬件加速**：
   - 利用你的12代i5处理器的硬件加速功能。在Premiere Pro的"项目设置"中，确保启用了与你的硬件兼容的加速选项。

二、使用代理剪辑

1. **创建代理文件**：
   - 对于4K视频素材，创建代理文件可以显著提高剪辑时的性能。你可以在Premiere Pro中设置代理剪辑流程，将高分辨率的4K素材转换为较低分辨率的代理文件（如1080p或720p），以便在剪辑时减少系统负载。
2. **剪辑代理文件**：

（a）封闭式问题回复内容 1

四、升级硬件配置（如果预算允许）

虽然你当前的配置已经不错，但考虑到4K视频剪辑对硬件的高要求，如果预算允许，可以考虑升级以下硬件：

1. **增加内存**：
   - 升级到32GB或更高的内存可以显著提高Premiere Pro的性能，特别是在处理大型项目和高分辨率素材时。
2. **升级固态硬盘**：
   - 使用更快的固态硬盘（如NVMe SSD）可以提高素材加载和渲染速度。

五、其他建议

1. **定期更新软件**：
   - 确保你的Premiere Pro和操作系统都是最新版本。Adobe会不断更新软件以修复漏洞、提高性能和添加新功能。
2. **关闭不必要的后台程序**：
   - 在剪辑时，关闭不必要的后台程序和应用程序，以释放系统资源给Premiere Pro使用。

综上所述，通过优化Premiere Pro设置、使用代理剪辑、优化工作流程以及考虑升级硬件配置（如果预算允许），你可以在不牺牲视频质量的前提下，显著加速4K短视频的剪辑过程。这些建议将帮助你更有效地利用现有配置，提高工作效率。

（b）封闭式问题回复内容 2

图 2-5 “文心一言”对封闭式问题的回复结果

2.1.2 结构化拆解：从混沌到逻辑

在向 AI 大模型提出询问时，应当规避那些过于宽泛且笼统的问题，因为这类问题往往超出了 AI 即时处理和提供全面、精确答案的能力范围。更为有效的策略是，将宏大的问题细化为一系列小巧而具体的问题。这种做法的好处在于，能够引导 AI 大模型分阶段、分层次地深入剖析问题，每一步都聚焦在更狭窄、更易于管理的信息块上。通过逐步累积这些具体问题的答案，可以逐步构建起对原始宏观问题的全面理解，并最终提炼出所需的结果或结论。这种方法不仅提升了答案的准确性和完整性，还增强了问题解决过程的透明度和可控性。

1. 步骤分解法

步骤分解法是一种将复杂任务逐步拆解为一系列递进式子任务的方法，旨在使任务执行过程更加清晰、有序。

案例：设计一篇环保文章。

1）子任务 1：问题识别

需全面列举当前社会面临的主要环境问题，如空气污染、水污染、土壤污染及资源浪费等。这一步是文章的基础，为后续分析提供素材。

2）子任务 2：成因分析

针对识别出的问题，深入分析其背后的成因。例如，空气污染可能源于工业排放、汽车尾气等；资源浪费则可能与过度消费、不合理利用资源有关。此步骤旨在揭示问题的本质。

3）子任务 3：提出解决方案

基于成因分析，提出针对性的解决方案。这些方案可以包括推广可再生能源、实施循环经济、加强环境法规等。此阶段需确保解决方案具有可行性和创新性。

4）子任务 4：意义总结

最后，总结环保工作对社会、经济、生态等方面的积极意义，强调环保行动的重要性和紧迫性。这有助于提升读者的环保意识，激发其参与环保行动的热情。

2. 要素分解法

要素分解法适用于多维度分析或设计类问题，通过将任务按关键要素拆分，实现全面、细致的分析。

案例：设计一款新手机。

1）子任务 1：定位目标用户

明确手机的目标用户群体，如年轻人、商务人士、游戏爱好者等。这有助于确定手机的设计方向和功能需求。

2）子任务 2：定义核心功能

根据目标用户的需求，定义手机的核心功能，如续航能力、影像系统、性能表现等。这些功能将作为手机设计的重点。

3）子任务 3：竞品分析

调研市场上同类产品的特性，分析竞争对手的优势和不足。这有助于为手机设计提供灵感和改进方向。

4）子任务 4：用户反馈整合

通过问卷调查、用户访谈等方式收集用户反馈，了解用户对手机的期望和需求。将这些反馈整合到设计中，使手机更加符合用户需求。

3. 分类提问法

分类提问法是一种将综合性问题按类别拆解为平行子问题的方法，有助于全面、系统地解决问题。

案例：优化共享单车推广策略。

1）子任务1：问题列举

首先，列举共享单车推广过程中面临的主要问题，如乱停放、车辆损坏、维护成本高等。这些问题将作为后续分析的基础。

2）子任务2：提出解决方案

针对每个问题，提出具体的解决方案。例如，针对乱停放问题，可以设置电子围栏引导用户规范停车；针对维护成本问题，可以实施动态调度优化车辆分布，减少闲置车辆数量。

3）子任务3：方案评估

对提出的解决方案进行成本效益分析和可行性评估。这有助于确定哪些方案是经济、有效且可行的，从而优化推广策略。

在实践提问问题的拆分过程中，为了高效且精准地达成目标，可以巧妙地运用一系列结构化指令模板。这些模板作为一种工具，能够协助我们迅速地将复杂问题拆解为若干个子问题或子任务，从而便于逐一解决。通过采用这种结构化的拆分方法，不仅能够确保问题的全面覆盖，还能提升解决问题的效率与准确性。因此，结构化指令模板在问题拆分实践中扮演着至关重要的角色，是实现快速且有效问题拆分的重要手段。常用的结构化指令模板有CTDRF（Context-Task-Details-Refinement-Format）模型，如图2-6所示。

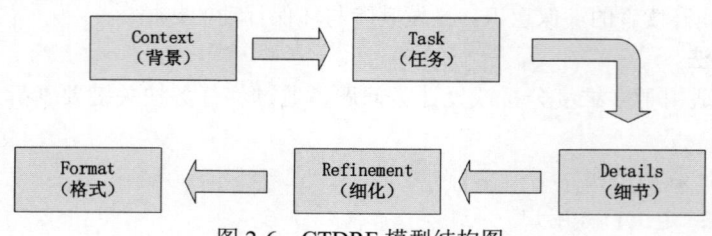

图2-6 CTDRF模型结构图

结构化指令模板（CTDRF模型）的格式如下：

（1）Context（背景）：明确指令所处的具体环境或目标受众特征。例如，"针对年龄为25～35岁，追求高效育儿与生活品质的职场妈妈群体，设计一款能够融入其日常生活的育儿辅助产品"。

（2）Task（任务）：定义具体且明确的任务目标。例如，"基于上述背景，开发一套包含10个与育儿相关的趣味物理小实验，旨在通过亲子互动传授物理知识，同时增进亲子关系"。

（3）Details（细节）：提供完成任务所需的关键信息或细节要求。例如，"实验应涵盖基础物理原理，如力学、光学、声学等，每个实验需附带详细的步骤说明、安全提示及物理原理解析，确保适合该年龄段儿童在家长陪同下完成"。

（4）Refinement（细化）：对任务要求进行进一步细化，如实验材料、趣味性、互动性等方面。例如，"实验材料应选用日常易得、安全无害的物品；实验设计需注重趣味性，能够激发儿童的好奇心与探索欲；同时，实验过程中应包含家长与孩子的互动环节，增进亲子关系"。

（5）Format（格式）：指定输出结果的格式或呈现方式。例如，"以图文结合的形式呈现实验教程，每个教程包含实验名称、所需材料、步骤说明、物理原理解析、亲子互动建议及安全提示等部分，便于家长阅读与操作"。

2.1.3 指令优化：适配 AI 模型

当前主流 AI 大模型，根据是否具备推理能力可以划分为推理模型与非推理模型（又称通用模型）。

推理模型：此类大模型是在传统大型语言模型坚实基础上，融合了诸如强化学习、神经符号推理、元学习等前沿技术，旨在显著提升其推理、逻辑分析及决策能力。这些模型不仅精通语言的理解与生成，更能在复杂的逻辑推理、数学计算、代码解析等高级认知任务中展现卓越性能。它们如同智慧的桥梁，连接着信息的输入与精准的推理输出，展现出强大的问题解决能力。

通用模型：此类大模型更侧重于语言生成、上下文理解及自然语言处理的基础任务。其设计初衷并不特别强调深度推理功能，通过对海量文本数据的深度学习与训练，这些模型能够精准捕捉语言规律，生成自然流畅、符合语境的内容。它们在处理自然语言文本方面表现出色，擅长解析文本的语义内涵、情感色彩及上下文关系，从而生成贴合对话场景或文本需求的回复与创作。通用模型在日常交流、内容创作、信息检索等多个领域均发挥着重要作用，成为推动自然语言处理技术进步的重要力量。推理模型与通用模型的对比如表 2-1 所示。

表 2-1 推理模型与通用模型的对比

对　比	推理模型	通用模型
优势领域	数学推导、逻辑分析、代码生成、复杂问题拆解	文本生成、创意写作、多轮对话、开放性问答
劣势领域	发散性任务（如诗歌创作）、需要情感理解的任务	需要严格逻辑链的任务（如数学证明）、高精度计算任务
应用场景	适用于需要高精度推理、决策和问题解决能力的领域	广泛应用于日常交流、内容创作、信息检索等
输出特性	输出内容精准、逻辑严密，适合专业或复杂任务需求	输出内容自然流畅，符合语境，适合日常交流和信息传递
训练重点	强调模型的推理、逻辑和分析能力的提升	侧重于语言规律和生成能力的掌握
发展趋势	随着技术进步，不断向更高层次的认知任务迈进	持续优化，提高语言生成的自然度和上下文理解能力

对于推理模型与通用模型来说，不仅在功能方面有所区别，在询问问题的提示语方面也存在差异。推理模型与通用模型不仅在核心功能方面展现出了显著的差异，而且在用户与模型交互时所使用的询问问题提示语方面也存在微妙的区别。这种区别源于两者在设计理念、训练目标及应用场景上的不同。

推理模型提示语的特点如下：

- 明确性与简洁性：提示语的设计需要直接明了，仅需精准阐述任务目标及核心需求。这是因为推理模型已内在掌握了必要的推理逻辑，无须冗长的解释或多余的步骤说明。
- 自动化推理过程：鉴于 AI 大模型具备自动生成结构化推理过程的能力，提示语中无须进行逐步的细致指导。过度拆解步骤可能会束缚模型的自由推理空间，反而降低其效能。

通用模型提示语的特点如下：

- 逐步引导推理：对于通用模型而言，由于其未必内置了特定领域的推理逻辑，因此，需要通过明确的提示语来引导其逐步进行推理。例如，采用 CoT（Chain of Thought，思维链）进行提示，可以帮助模型系统地展开推理过程。
- 补偿能力短板：通用模型在处理某些复杂或特定任务时，可能存在能力上的不足。此时，提示语需要设计得更为细致，以补偿这些短板。例如，可以明确要求模型进行分步思考，或者提供相关的示例和模板，以帮助模型更好地理解和执行任务。

在设计针对 DeepSeek 这类推理 AI 大模型的问题提示词时，关键在于追求提示的简洁性与明确性，以确保大模型能够充分发挥其能力而不受复杂提示词的束缚。直接且具体地提出问题，鼓励模型自主进行逻辑推导和创意发挥，往往能够取得更理想的成果。例如，一个有效的提示词如下："请构思一个面向 20 岁左右大学生的 PPT 框架，核心议题聚焦于'红色文化之旅'，要求内容既富有教育意义又具吸引力。"

相比之下，当使用通用型 AI 模型时，由于这类模型可能不具备特定领域或任务的深度理解能力，提示词的设计就需要更加详尽和结构化，以明确模型的角色定位、能力范围、处理的信息基础及具体的执行要求。示例性的详细提示词可以如下："你是一位专业的 PPT 策划师，擅长根据用户需求定制演示文稿。我现在拥有关于'红色文化之旅'的基本资料和目标受众（20 岁左右大学生）的信息。我的具体要求是，请你基于这些信息，详细规划一个既符合教育目的又能激发年轻观众兴趣的 PPT 框架，包括但不限于引言、主题内容展开、互动环节设计以及总结回顾等部分。"这样的设计不仅明确了模型的角色和任务，还详细列出了执行步骤和预期成果，有助于引导通用模型更准确地理解和执行指令。

在探索和利用 AI 大模型的广阔潜力时，明确认识并合理利用每种模型的独特优势至关重要。因为每种 AI 大模型都具备特定的长处与局限，在其擅长的领域内均能为用户提供良好的用户体验。因此，在选择和应用这些模型时，盲目追求热度最高的模型并非明智之举，而应基于实际需求进行审慎考量。

使用 AI 大模型的基本注意事项如下：

（1）模型选择策略。

- 任务导向性：首要原则是依据任务类型来匹配模型，而非盲目跟风热门模型。例如，对于数学或逻辑推理类任务，应选择擅长此类计算的推理模型；而对于需要创意生成或广泛知识覆盖的任务，通用模型可能更为合适。
- 定制化需求：考虑任务的特定要求，如数据敏感性、实时性需求或领域专业知识，这些因素都将影响模型的选择。

（2）提示语设计艺术。
- 推理模型：对于推理模型，提示语应追求简洁明了，直接指向所需结果，避免冗余信息干扰模型的逻辑处理流程。信任模型的内化推理能力，直接提出需求，如"请计算……"。
- 通用模型：对于通用模型，提示语的设计则需更加结构化，必要时提供背景信息或补偿性引导，以帮助模型更好地理解复杂或抽象的概念。这包括"填补信息空白"和"构建情境框架"，如"在……背景下，讨论……的可能性"。

（3）避免常见误区。
- 推理模型的启发式陷阱：避免对推理模型使用过于启发式或角色扮演的提示，这些可能引导模型偏离其擅长的逻辑路径，导致不准确或偏离主题的输出。
- 通用模型的过度信任风险：虽然通用模型在处理多样任务时表现出色，但不应无条件信任其所有输出，尤其是涉及复杂推理或精确计算的任务。建议将复杂问题分解为多个步骤，逐步验证每步的结果，以确保准确性和可靠性。

综上所述，使用 AI 大模型时，关键在于理解模型特性、精准匹配任务需求、精心设计提示语，并时刻保持批判性思维，避免陷入常见误区。这样，无论选择哪种模型，都能最大化地发挥其效能，为用户带来高效且满意的体验。

2.2 DeepSeek 提问技巧全揭秘

DeepSeek 作为当前备受瞩目与追捧的 AI 大模型，正以卓越的智能表现和广泛的应用潜力，引领着技术革新的潮流。在当今快节奏的生活中，我们渴望找到一种高效便捷的方式来优化日常琐事，提升工作与生活的双重效率，而 DeepSeek 无疑为我们提供了一个强有力的支持平台。要想充分发挥其强大功能，使我们的日常生活因之变得更加井然有序、高效便捷，精心构思与挑选恰当的提示词（Prompts）是至关重要的。

2.2.1 提示词的说明

良好的提示词就像是与 DeepSeek 进行高效沟通的钥匙，它能够帮助模型更精准地理解我们的需求，从而提供更加个性化、符合期望的解答或建议。无论是想要安排日程、管理任务，还是寻找灵感、学习新知，通过巧妙地设计提示词，都能引导 DeepSeek 发挥出最佳效能，使其成为我们日常生活与工作中的得力助手。

因此，探索如何更有效地利用 DeepSeek，不仅是简单地运用其技术，更在于我们如何智慧地与之交互，通过不断优化和完善提示词，让这一先进的 AI 大模型真正成为提升我们生活质量与工作效率的强大引擎。

1. 什么是提示词

提示词（Prompt）是用户向 AI 系统传达的指令或信息，旨在引导 AI 生成符合特定要求或执行特定任务的输出。简而言之，提示词构成了我们与 AI 进行"交流"的语言基础，它可以形式多样，既可以是简短的问题，也可以是详尽的指令，还可以是复杂的任务描述。提示词在用户与 AI 大模型之间的作用如图 2-7 所示。

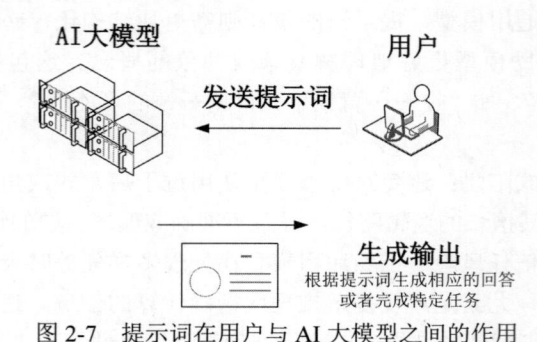

图 2-7 提示词在用户与 AI 大模型之间的作用

提示词的基本结构通常涵盖以下几个要素：

- 指令（Instruction）：作为提示词的核心组成部分，指令清晰、直接地告知 AI 系统所需执行的具体任务。它是指引 AI 行动的明确信号。
- 上下文（Context）：上下文为 AI 提供了必要的背景信息和情境细节，有助于 AI 更精确地理解和把握任务的核心要求。这一要素在复杂或特定情境下的任务中尤为重要。
- 输入（Input）：输入数据是用户提供的原始信息或问题，模型将基于这些数据来执行指令并生成输出。例如，"输入：成年人如何缓解焦虑"就是输入数据部分。
- 输出（Output）：输出指示指定了期望的输出类型或格式，这有助于确保模型生成的输出符合用户的要求。例如，"请按照：问题分析、解决方案的形式格式化进行输出"就是一个明确的输出指示。

提示词的组成要素如图 2-8 所示。

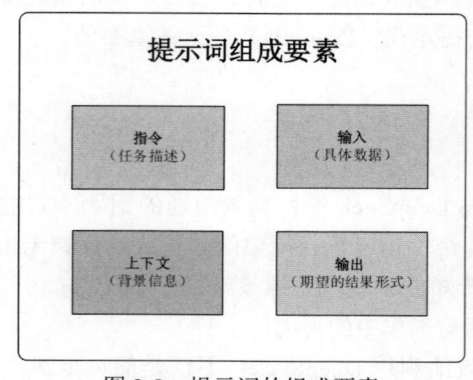

图 2-8 提示词的组成要素

2. 提示词的类型

提示词的类型多样，可依据不同标准进行分类。常见的分类方式包括但不限于如下 5 种：

1）任务导向型（Task-Oriented）

这类提示词明确指向一个具体的任务或目标，旨在引导用户或模型完成特定的操作或输出。

例如："请翻译以下文本为中文。"

2）开放式（Open-Ended）

开放式提示词允许用户或模型自由发挥，没有固定的答案或输出要求。

例如："请分享一个你最喜欢的旅行记忆。"

3）指令式（Imperative）

以动词开头，直接给出命令或要求的提示词，通常用于指示用户或模型执行某个动作。

例如："计算并给出这两个数的和。"

4）示例驱动型（Example-Driven）

通过提供一个或多个示例来引导用户或模型理解任务要求，并据此进行输出。

例如："请按照以下格式填写信息：姓名（张三），年龄（25 岁）。"

5）角色设定型（Role-Playing）

设定一个特定的角色或情境，要求用户或模型以该角色的身份进行回答或操作。

例如："假设你是某公司的客服代表，请回复客户的投诉。"

此外，还有一些高级的提示技术，它们可能属于更复杂的类型或子类，包括但不限于如下两种：

1）思维链（Chain-of-Thought）

通过一系列的逻辑推理步骤来引导用户或模型逐步解决问题，常用于提高问题解决的准确性和可解释性。

例如："首先，我们需要确定问题的关键点……然后，我们可以通过以下步骤来解决问题。"

2）少样本学习（Few-Shot）提示

在仅提供少量训练样本的情况下，通过巧妙的提示词设计来引导模型学习并泛化到新的任务上。

例如："请根据以下三个示例，推断出下一个数字的规律并给出答案。"

3. 提示词的基本元素分类

提示词的基本构成元素，根据其功能和作用，可以明确划分为以下三类。

（1）信息类元素。这些元素是 AI 在生成内容过程中所需处理的核心信息，它们为 AI 提供了生成内容的基础知识和上下文，具体包括如下 3 项：

主题：定义了 AI 生成内容的中心思想或核心观点。

背景：提供了与主题相关的情境或环境信息，有助于 AI 生成更贴合实际的内容。

数据：包含具体的事实、数字或统计信息，为 AI 提供了生成内容时所需的具体支撑。

（2）结构类元素。这类元素用于定义和塑造 AI 生成内容的组织形式和呈现方式，确保输出内容的结构清晰、格式规范、风格统一，具体包括如下 3 项：

结构：定义了内容的整体框架和段落分布，使 AI 能够有序地组织信息。

格式：规定了内容的排版、字体、字号等视觉呈现要素，确保输出内容的专业性和可读性。

风格：体现了内容的语言特点和表达方式，如正式、幽默、亲切等，使 AI 能够生成符合特定情境和受众需求的内容。

（3）控制类元素。这些元素在 AI 生成内容的过程中起到管理和引导作用，确保输出内容符合预期并能够进行必要的调整。它们是实现高级提示语工程的关键工具，具体包括如下 3 项：

生成控制：通过设定生成条件、限制或优先级，引导 AI 按照特定方向生成内容。

调整机制：允许在生成过程中进行实时监控和反馈，以便在必要时对内容进行调整和优化。

验证与校验：通过设定规则和标准，对生成内容进行验证和校验，确保内容的准确性和合规性。

提示词的基本元素分类如表 2-2 所示。

表 2-2　提示词的基本元素分类

信息类元素	结构类元素	控制类元素
背景元素	结构元素	约束条件元素
数据元素	格式元素	迭代指令元素
主题元素	长度元素	输出验证元素
知识域元素	风格元素	任务指令元素
参考元素	可视化元素	质量控制元素

信息类元素、结构类元素和控制类元素共同构成了提示词的基本框架，为 AI 内容生成提供了全面且系统的指引，确保其产出的内容既符合需求又具备高质量。在这些元素相互交织的过程中，一系列奇妙的化学反应随之产生，这些反应正是提示词元素协同效应理论的核心所在，具体体现为以下四大观点：

- 互补增强效应：该观点认为，当特定元素组合在一起时，它们能够相互弥补各自的不足，从而产生超越简单叠加的增强效果，即 "1＋1＞2" 的协同效应。这种互补不仅体现在信息、结构和控制类元素之间的平衡与补充，还体现在它们内部不同细分元素间的相互支撑。
- 级联激活机制：此机制描述了一个元素被激活后，可能如同多米诺骨牌般触发一系列相关元素的连锁反应。这种连锁激活不仅加速了内容的生成过程，还可能形成一个自我强化的正反馈循环，使得整体输出在质量、效率或创新性上实现显著提升。
- 冲突调和策略：该策略强调，在看似矛盾或冲突的元素组合中，通过巧妙的安排和设计，往往能够激发出意想不到的积极效果。这种冲突不仅限于信息内容的对立，也包括结构上的多样性与控制策略上的灵活性，它们之间的微妙平衡能够激发创意，提升内容的深度和广度。
- 涌现属性原理：此原理揭示，当某些元素以特定方式组合时，可能会产生单个元素单独存在时所不具备的新特性或功能，这些新特性是元素间相互作用的结果，而非简单相加。涌现属性不仅丰富了内容的层次和维度，也为 AI 生成内容带来了前所未有的创新潜力和应用价值。

提示词元素的不同组合矩阵如表 2-3 所示。

表 2-3 提示词元素的不同组合矩阵

目标	主要元素组合	次要元素组合	组合效果
提高输出准确性	主题元素 + 数据元素 + 质量控制元素	知识域元素 + 输出验证元素	确保 AI 基于精准的主题和翔实的数据生成内容，辅以严格的质量控制与验证流程，显著提升内容的准确性
提升输出一致性	风格元素 + 知识域元素 + 约束条件元素	格式元素 + 质量控制元素	依靠统一的风格与深厚的专业领域知识，确保输出内容的一致性；同时，运用约束条件与质量控制手段，维持内容的高标准与高质量
增强创造性思维	主题元素 + 背景元素 + 约束条件元素	参考元素 + 迭代指令元素	通过提供丰富的背景信息与适度的约束条件，激发 AI 的创造性思维；同时，利用多轮迭代指令，促进内容的不断创新与完善
增强交互体验	迭代指令元素 + 输出验证元素 + 质量控制元素	任务指令元素 + 背景元素	建立动态的交互模式，允许 AI 进行自我验证与优化；同时，结合任务指令与背景信息，提供更加丰富、个性化的交互体验，提升用户满意度
优化任务执行效率	任务指令元素 + 结构元素 + 格式元素	长度元素 + 风格元素	借助清晰的任务指令与预定义的结构框架，提高 AI 执行任务的效率；同时，确保输出内容符合特定的格式与风格要求，满足多样化需求

2.2.2 提问三要素：精准、简洁、明确

在进行提示词设计时，深入理解和巧妙运用提示词的三要素——精准、简洁、明确，是确保 AI 能够精准捕捉用户意图，并提供高质量回复内容的关键所在。这三要素不仅构成了提示词设计的基石，也是实现高效人机交互的重要法则，如图 2-9 所示。

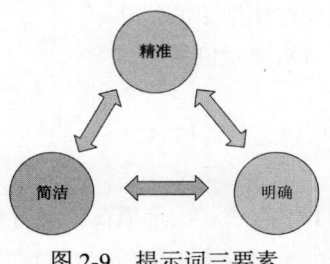

图 2-9 提示词三要素

1. 精准描述问题

1）技巧 1：明确需求和目的

含义：直接阐述你的目标，避免使用模糊或泛泛而谈的提问方式。

场景：适用于几乎所有类型的提问，尤其是当你想获得具体解决方案时。

反向案例：

"我该如何提高我的工作效率？"（问题过于宽泛）

正向案例：

"我是一名程序员，每天需要编写大量代码。我希望在接下来的两个月内，通过有效的时间管理和编程技巧提升，将我的代码编写效率提高 30%。请问有哪些具体的方法和建议？"

2）技巧 2：使用结构化描述

含义：通过分点或分步骤的方式，清晰地说明你的问题。

场景：适用于需要列出多个要求或条件的场景。

反向案例：

"我想策划一个婚礼。"（描述过于笼统）

正向案例：

"我正在筹备一场户外婚礼，希望婚礼氛围温馨浪漫。以下是我的需求：
- 婚礼场地：选择一个有花园和湖泊的户外场地。
- 宾客人数：约 100 人。
- 婚礼风格：希望以白色和粉色为主色调，融入自然元素。
- 预算：控制在 5 万元以内。"

3）技巧 3：提供问题背景

含义：补充相关的上下文信息，帮助 AI 更好地理解你的真实需求。

场景：尤其适用于复杂或需要深入了解背景的问题。

反向案例：

"我想学习一项新技能。"（缺乏具体背景和目的）

正向案例：

"我是一名大学生，专业是市场营销。我对数据分析很感兴趣，计划毕业后从事相关工作。我目前对 Python 编程有初步了解，每天可以投入 2 小时学习。请为我推荐一项适合我的数据分析技能。"

4）技巧 4：使用具体数字或案例

含义：用具体的数据或实例来替代抽象的描述。

场景：适用于需要量化或给出明确示例的场景。

反向案例：

"我想改善我的饮食习惯。"（缺乏具体信息）

正向案例：

"我目前体重 75 千克，身高 175 厘米。我希望在三个月内通过合理饮食和锻炼减重 10 千克。请为我设计一份包含早餐、午餐、晚餐和零食的健康饮食计划，并推荐一些适合我的锻炼项目。"

5）技巧5：提出单一问题

含义：每次提问时只聚焦一个核心点，避免混杂多个不相关的问题。

场景：适用于多任务或多步骤的场景，以确保每个问题都能得到清晰、准确的回答。

反向案例：

"请问如何制作披萨？还有，你能告诉我如何在家锻炼吗？"（两个问题混杂）

正向案例：

"请提供一份制作披萨的详细步骤，包括所需材料和烘焙时间。

——追问——

另外，我希望能在家进行锻炼，请问有哪些适合初学者的健身计划？"

2. 引导深入思考

1）技巧1：扮演指定角色

含义：让AI以特定的身份或专业背景来回答问题。

场景：适用于需要领域知识或专业建议的场景。

反向案例：

"请问如何投资股票？"（未指定专业角色）

正向案例：

"假设你是一位有着10年投资经验的金融分析师，请针对当前市场情况，为我制定一份适合新手的投资策略，包括投资领域、风险控制等方面。"

2）技巧2：进行假设提问

含义：通过设定虚构的场景来激发AI的深度分析。

场景：适用于风险预判、策略推演等场景。

反向案例：

"我该如何规划我的职业生涯？"（缺乏具体条件）

正向案例：

"假设我未来三年内计划转行到人工智能领域，但目前我对该领域的知识了解有限。请为我制定一份详细的职业规划，包括学习路径、实践项目选择、职业发展方向等方面。"

3）技巧3：进行比较分析

含义：要求AI对比不同选项的优劣，以帮助你做出决策。

场景：适用于选择性的决策或对比场景。

反向案例：

"我应该买苹果还是安卓手机？"（未指定比较维度）

正向案例：

"我正在考虑购买新手机，预算在5000元左右。请对比苹果和安卓手机在以下方面的差异：性能、拍照效果、续航能力和系统稳定性。并给出你的推荐理由。"

4）技巧4：考虑多维度因素

含义：要求AI在回答问题时综合考虑多个变量或因素。

场景：适用于复杂的决策或多维度的思考场景。

反向案例：

"我应该选择哪个大学专业？"（信息不全）

正向案例：

"我正在考虑选择大学专业，目前对计算机科学和经济学都很感兴趣。请从就业前景、学习难度、个人兴趣等方面，为我分析这两个专业的优劣，并给出你的建议。"

5）技巧5：给出多种方案

含义：要求AI提供多种角度的解决思路，以便你能够从中选择最适合自己的方案。

场景：适用于创意生成、决策参考等场景。

反向案例：

"周末我想带家人去旅游，请问去哪里好？"（单一回答可能性低）

正向案例：

"我计划在周末带家人去旅游，希望目的地适合亲子游，同时有丰富的自然风光和历史文化。请为我推荐三个不同类型的旅游目的地，并简要说明每个目的地的特色。"

3. 控制输出质量

1）技巧1：指定输出格式

含义：明确限定AI回答的结构或格式。

场景：适用于信息整理、对比或需要输出可视化图表的内容。

反向案例：

"请给我推荐一些好书。"（回答可能冗长无序）

正向案例：

"请为我推荐5本关于时间管理的书籍，并按照以下格式输出：书名、作者、出版社、主要内容概述。"

2）技巧2：列出主要答案

含义：要求AI在回答问题时分点概括核心结论或步骤。

场景：适用于要点总结、步骤指导类问题。

反向案例：

"如何有效管理时间？"（回答可能散乱无序）

正向案例：

"请列出有效管理时间的五个关键步骤，每个步骤用'行动+效果'的格式说明，如制订计划——明确每天的任务和目标。"

3）技巧3：设定语言风格

含义：控制AI回答的用词难度或语气风格。

场景：适用于与特定年龄、知识层次或文化背景的人员沟通。

反向案例：

"请解释一下量子力学。"（可能过于学术化）

正向案例：

"请用通俗易懂的语言向我解释量子力学的基本概念，最好能用日常生活中的例子来说明。"

4）技巧4：输出具体案例

含义：要求AI在回答时结合具体实例来解释抽象概念或理论。

场景：适用于理解复杂理论、现象或概念。

反向案例：

"什么是'黑天鹅'事件？"（可能只有理论解释）

正向案例：

"请用'股市崩盘'作为例子来解释'黑天鹅'事件的概念，包括其定义、特点以及对投资者的影响。"

5）技巧5：明确输出限制

含义：限定AI回答的字数、数量或范围。

场景：适用于需要简洁答案的场景。

反向案例：

"请告诉我如何烹饪牛排。"（回答可能冗长详细）

正向案例：

"请简要说明烹饪牛排的三个关键步骤，每个步骤不超过50字。"

遵循"精准、简洁、明确"三大沟通原则，能够在极大程度上提高信息交流的效率，助力大模型迅速且精准地捕捉到问题的核心需求，进而生成高质量的回答或定制化的解决方案。

2.2.3　七大提问绝技，助你轻松掌握

在实际应用中，许多用户在使用DeepSeek进行提问时，往往会感觉到自己手中的DeepSeek似乎没有其他人使用得那么智能。这种感觉可能源于多种因素，包括但不限于个人使用习惯、提问方式，以及DeepSeek对不同语境和需求的适应能力。为了充分发挥DeepSeek的潜力，并让它更加贴合每位用户的独特需求，我们特此总结了7个提问绝技。这些技巧不仅能够帮助用户的DeepSeek实现改头换面的变化，还能让它变得更加智能，更加懂得用户的心意。

1. 真诚提问，摒弃模板

核心：DeepSeek作为一款拥有卓越推理能力的AI模型，相较于通用模型，在理解和处理复杂问题时展现出了更高的智能水平。因此，在利用DeepSeek进行提问时，应当给予它充分的信任，并摒弃那些刻板且烦琐的传统模板，以释放其独特的潜能。将DeepSeek视为一个真实存在且富有智慧的人，与其交流应当如同与一位老朋友交流般自然流畅，避免使用过于机械或模板化的语言。

案例：
- 模板化提问："请撰写一篇关于人工智能发展趋势的 1000 字文章。"
- 真诚版提问："我正在准备一场关于人工智能的演讲，但我对某些技术趋势不太了解。能否用简洁明了的语言，解释一下当前最热门的人工智能技术及其未来发展方向？最好还能提供一些实际应用案例。"

效果：通过真诚提问，AI 能够更准确地捕捉到你的隐藏需求，如演讲场景下的简洁明了、对技术趋势的深入理解及实际应用案例的需求。

2. 强制"说人话"，使大模型更接地气

用法：有时候对大模型进行提问后，大模型回答的内容可能包含众多专业术语，显得晦涩难懂，极大地增加了用户的阅读难度与阅读成本。因此，在 AI 大模型提供答案后，直接回复"说人话"或者"说得简单一点"，AI 会自动简化解释，用更通俗的语言进行阐述。

适用场景：
- 学术论文："这篇论文太专业了，能用更简单的语言再解释一遍吗？"
- 法律条款："这个法律条款太复杂了，能否举几个现实生活中的例子来说明？"

3. 善用万能公式，明确复杂需求

公式："我要做 ××，给 ×× 用，希望达到 ×× 效果，但担心 ×× 问题。"

场景：当面对复杂需求时，使用此公式可以快速与 AI 对齐目标。

案例：

"我正在为公司年会设计一个抽奖程序，这个程序将用于技术部门的年会活动。我希望界面设计简洁大方，能够支持 500 人同时在线抽奖，确保活动顺利进行。但我也担心在活动现场出现技术故障或老板临时改变抽奖规则的情况，能否提供一些备用方案或技术支持？"

效果：通过万能公式，AI 能够更全面地理解你的需求，并优先解决你的顾虑，如提供备用方案或技术支持。

4. 反向洗脑，激发 AI 自我优化

口诀："把答案复盘 10 轮再给我最终版。"

原理：通过要求 AI 反复校验逻辑漏洞、优化表达结构，可以激发 AI 的自我优化能力。

适合：重要文案（如商业计划书、合同条款）、争议性话题（如社会热点分析）。

案例：

"我正在撰写一份关于公司未来发展的商业计划书，这份计划书对公司来说至关重要。请把你的答案复盘 10 轮，确保逻辑严密、表述清晰，再给我最终版。"

5. 模仿大师，定制化输出

操作：通过输入特定内容，并给出明确指令，让 AI 模仿特定风格或语气进行输出。

案例：
- 输入鲁迅文章："我喜欢鲁迅先生的文风，能否用这种风格写一篇关于当代社会现象的评论文章？"
- 输入脱口秀台词："我喜欢这个脱口秀主持人的语气和风格，能否模仿他的语气吐槽一下职场加班文化？"

关键：给 AI 明确的风格锚点（如辛辣、幽默、严肃等），效果立竿见影。

6. 锐评模式，强化输出质量

触发方式：通过直接批评或对比攻击的方式，激发 AI 的斗志，强化输出质量。

案例：
- 直接批评："这段文案太平庸了，重新写！要更犀利、更扎心！"
- 对比攻击："这个答案比刚才的差远了，你是不是没认真思考？"

原理：AI 会通过负面反馈来强化输出结果的质量，但需注意避免使用人身攻击式指令。

7. 深度思考，应对高风险决策

加码指令：
- 初级："请加入你的批判性思考，给出更深入的见解。"
- 进阶："请至少复盘 100 遍再回答，列出所有可能的风险和漏洞。"

适合：高风险决策建议（如投资分析、合同条款等），AI 会主动标注不确定性并给出备选方案。

在实际应用中，提问技巧的运用不应拘泥于单一形式，而应灵活融合多种策略以达到最佳效果。例如，可以先以真诚的态度提出问题，随后请求 AI 对多轮对话进行复盘，并要求其以简化的方式解释核心要点。

同时，应警惕过度优化的倾向。在日常交流或处理简单需求时，不必追求极致的优化，而应根据实际需求合理选择提问技巧，以避免造成资源的不必要浪费。保持提问的简洁性与高效性，有助于提升沟通效率与体验。

2.3 反向推理：提升答案准确度的独门秘诀

在追求设计创新的道路上，挖掘反向思维成为一种突破传统、激发新意的有效方法。这种思维方式鼓励我们从非传统的角度出发，重新审视问题，以期获得不同寻常的解决方案。以下是对创新设计策略的进一步优化与完善。

1. 设定逆向任务

在创新设计过程中，可以巧妙地设定逆向任务，以引导 AI 从相反的角度处理问题。这种策略的核心在于，通过提示语或指令的巧妙设计，激发 AI 去探索那些与传统解决方案截然不同的路径。例如，在产品设计领域，如果传统任务是设计一款追求极致性能的跑车，那么，逆向任务可以是设计一款注重环保、节能且易于维护的城市通勤车。这样的逆向引导能够促使 AI 跳出传统思维框架，生成更加多样化、富有创意的设计方案。

为了更有效地实施逆向任务策略，需要确保提示词的准确性和启发性。这些提示词不仅要清晰地传达逆向思考的方向，还要能够激发 AI 的创造力和想象力。例如，可以使用诸如"反向思考，探索设计的另一面""从不可能中寻找可能，颠覆传统设计"等富有启发性的语言，来引导 AI 深入探索逆向设计的广阔天地。

2. 挑战预设思维模式

预设思维模式是创新设计的一大障碍。为了打破这些固有的思维框架，需要勇于挑战传统观念，敢于质疑现有的设计理念和原则。在创新设计策略中，挑战预设思维模式意味着通过打破任务的常规设定，促使 AI 生成具有挑战性和创新性的内容。

为了实现这一目标，可以尝试将设计任务置于一个全新的、陌生的环境中进行考察。例如，在产品设计领域，可以要求 AI 设计一款适用于极端气候条件下的户外装备，或者是一款能够满足特定人群（如老年人、残障人士等）特殊需求的智能设备。这样的任务设定能够激发 AI 在解决复杂问题时的创新思维和创造力，从而生成更加实用、具有人文关怀的设计方案。

同时，还可以通过引入跨学科的知识和方法来进一步拓宽设计视野。例如，将艺术、心理学、社会学等领域的理论和方法融入设计过程中，以激发 AI 在跨领域融合方面的创新思维。这种跨学科的设计方法不仅能够提升设计的深度和广度，还能够为传统设计领域带来新的灵感和突破。

综上所述，挖掘反向思维并实践创新设计策略是提升设计品质和推动设计创新的重要途径。通过设定逆向任务和挑战预设思维模式，可以引导 AI 从非传统角度切入设计问题，生成更加多样化、富有创意和人文关怀的设计方案。这不仅有助于打破传统设计的局限和束缚，还能为设计领域带来新的活力和可能性。

2.4　实战演练：典型提问场景与优化实战案例

经过前期的深入学习与探索，已经对 AI 大模型的提示词有了全面且深刻的理解。现在，通过一个贴近实际的案例，来具体展示提示词在实际应用中的魅力，并深入探讨在实战中如何对提示词进行精妙优化，以达到更佳的效果。

案例目标：使用 DeepSeek 结合其他 AI 工具，实现一个毛坯房的室内装修工作。

明确需求：完成毛坯房的室内装修工作，需要获取室内装修 AI 绘图的关键词信息。

步骤01 向 DeepSeek 进行提问，获取"如何设计室内装修的 AI 绘图描述文案模板"，如图 2-10 所示。

DeepSeek 会根据用户的提问内容进行深度思考，并提出优化建议。例如，应当补充室内装修的风格、家具等摆设信息。然后根据 DeepSeek 给出的建议对提示词进行优化，例如，"我想给一个毛坯房进行装修，需要一段文案描述去 AI 绘画工具里面进行生成。请根据当下流行的装修风格给我 5 段不同装修风格的关键词描述，需要提到客厅内出现的物品：沙发、植物、桌子、地毯、灯具等"。

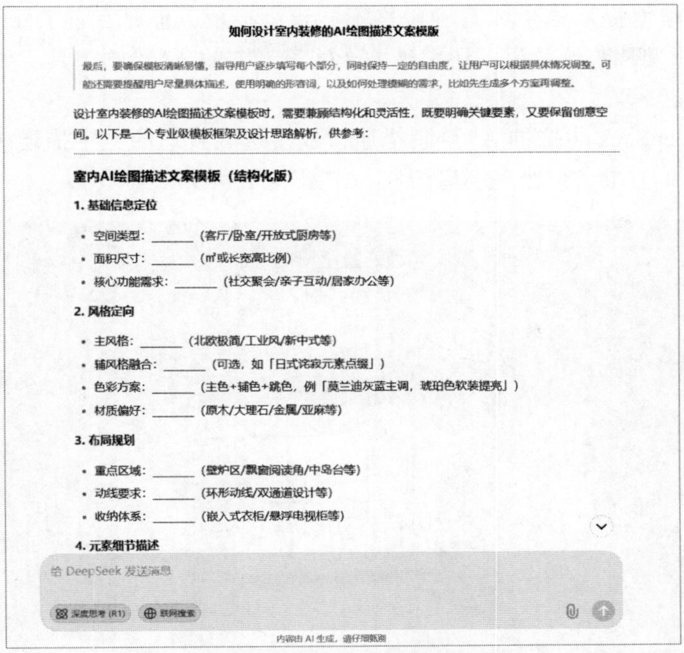

第 2 章　DeepSeek 提问艺术与精准优化策略

图 2-10　DeepSeek 对绘画模板的优化建议

步骤02 使用优化后的提示对 DeepSeek 进行提问，获取毛坯房装修的绘画描述模板，如图 2-11 所示。

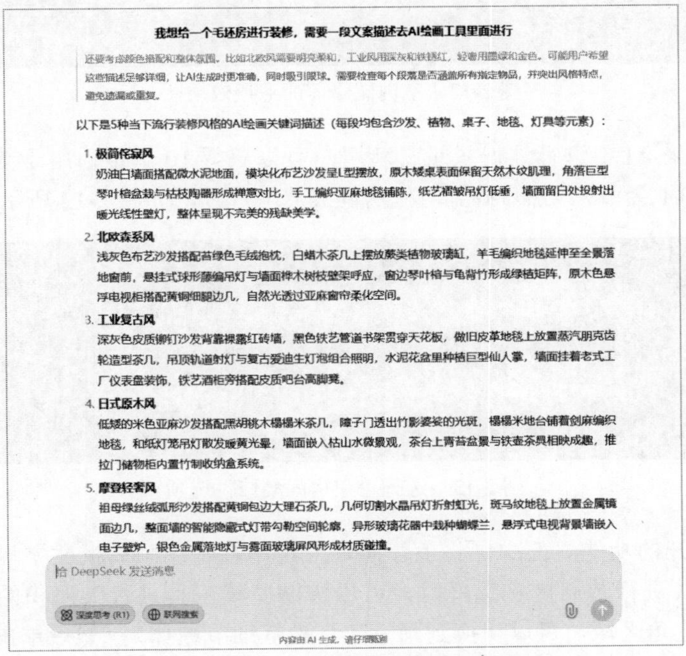

图 2-11　DeepSeek 生成的几种 AI 绘画模板

47

DeepSeek 会根据提示语生成几种风格不同绘画模板。但是目前 DeepSeek 还不支持图片绘画功能，若想实现装修效果，还需借助一些第三方的 AI 绘画工具，如神采 AI（https://www.ishencai.com/）等。

步骤03 从 DeepSeek 生成的 AI 绘画描述模板中选取合适的文字描述（本文中选用"极简侘寂风"模板），并准备一张毛坯房图片，如图 2-12 所示。

图 2-12 室内装修前的毛坯效果图

步骤04 在神采 AI 中进行注册登录（新用户可以获得 10 个金币用于绘图体验，每次绘制一个图片消耗 0.1 金币）。然后找到"空房间装修"选项，如图 2-13 所示。

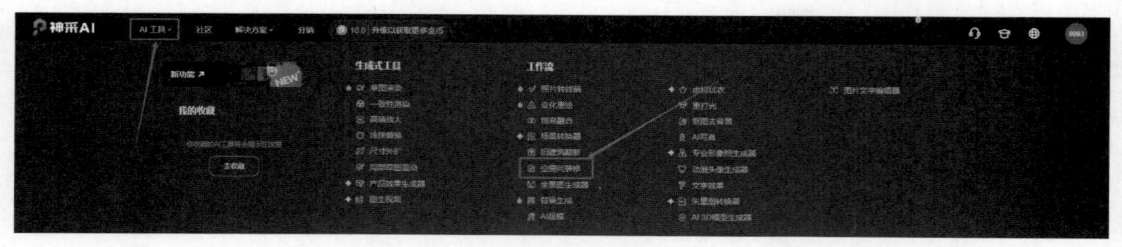

图 2-13 选择"空房间装修"选项

步骤05 在打开的功能界面中，将毛坯照片上传、粘贴绘画模板文字描述并且选择需要进行软装的部分（进行装修区域选择时，可以借助魔棒工具进行大面积的选取，对于魔棒工具选取不到的边角区域，可以切换到画笔工具进行细节涂抹），然后单击"开始生成"按钮，如图 2-14 所示。

第 2 章　DeepSeek 提问艺术与精准优化策略

图 2-14　进行绘画前的设置操作

步骤06 装修效果图的生成需要一定的时间，需要耐心等待，如图 2-15 所示。

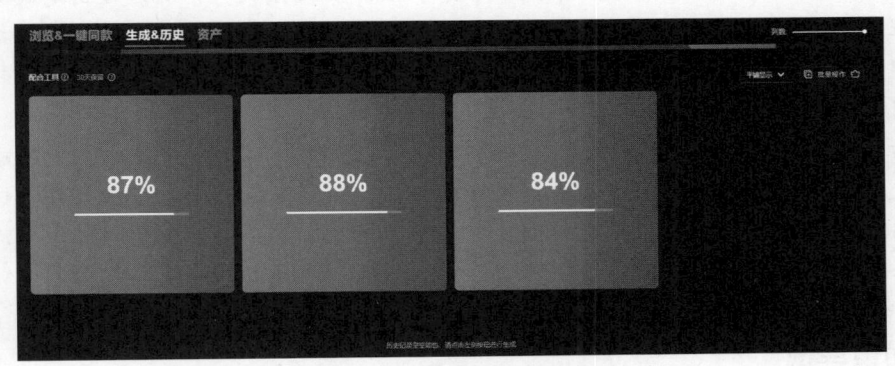

图 2-15　等待装修效果图的生成

等待生成进度条执行完毕，就可以查看到 AI 工具根据绘画模板生成的装修效果图，如图 2-16 所示。

图 2-16　装修效果图

49

第 3 章
DeepSeek与Excel的无缝集成实战指南

本章概述

本章将深入探索 DeepSeek 与 Excel 集成的强大功能，旨在通过一系列详尽的步骤和实战案例，帮助读者全面掌握如何高效利用这两个工具进行数据分析和处理。我们将从基础开始，逐步引导读者获取 DeepSeek 的 APIkey，这是连接两者的第一步。接着，将详细介绍如何在 Excel 中开启宏和开发工具，为后续的自动化操作打下基础。

在掌握了基本设置后，将重点讲解如何编写 DeepSeek 宏文件，并通过创建快捷方式来简化流程，提高工作效率。随后，将通过实战案例展示 DeepSeek 如何赋能数据分析，包括如何一键生成 Excel 样表、一键完成满勤奖金与绩效统计，以及如何轻松打造动态销售数据可视化图表。让读者能够在实际工作中快速上手。

最后，针对常见问题，如公式错误调试和数据格式冲突，将提供一系列应对策略，确保读者在使用 DeepSeek 与 Excel 集成时能够顺畅无阻。通过本章的学习，读者将能够充分利用 DeepSeek 的 API 和 Excel 的强大功能，实现数据处理和分析的自动化、智能化，从而大幅提升工作效率和决策质量。

知识导读

本章要点（已掌握的在方框中打钩）
- ☐ DeepSeek + Excel：集成路径全面解析。
- ☐ 实战案例：一键生成 Excel 样表。
- ☐ 实战案例：满勤奖金与绩效统计一键完成。
- ☐ 实战案例：动态销售数据可视化图表轻松打造。
- ☐ 高效密码：公式错误调试与数据格式冲突应对策略。

3.1 DeepSeek + Excel：集成路径全面解析

Excel 作为 Microsoft Office 办公软件套装的一部分，常应用于数据的记录、计算、分析和可视化。DeepSeek 作为一个 AI 智能模型，与 Excel 碰撞将激起怎样的火花呢？本节将讲解如何在 Excel 中集成 DeepSeek。

3.1.1 获取 DeepSeek 的 API key

API key（API 密钥）是访问 DeepSeek 的 API 密钥，它是一串唯一的字符组合，是访问 DeepSeek 的身份验证凭证，用于标识和验证用户的身份。

API key 是向 DeepSeek 发送 API 请求时必须包含的参数，只有 API 请求中包含 API 密钥，用户才能向 DeepSeek 提交文本任务，并获得 DeepSeek 模型生成的响应。API 密钥是一种安全机制，通过 API 秘钥的分发和管理，DeepSeek 可以对 API 的使用进行管理和跟踪，这有助于确保 API 的可用性和稳定性，并防止盗用。

下面详细讲解如何获取 DeepSeek 的 API key。

步骤01 登录 DeepSeek 的官网，进行账号的注册和登录，如图 3-1 所示。

图 3-1　DeepSeek 的官网

说明：DeepSeek 官网地址为 https://www.deepseek.com/。

步骤02 单击 DeepSeek 官网中右上角的"API 开放平台"按钮，进入 DeepSeek 的开放平台，如图 3-2 所示。

图 3-2　DeepSeek 开放平台

提示：此 API key 是收费的，若想正常调用 DeepSeek 的 API 接口，需要进行余额充值，在充值前请仔细阅读 DeepSeek 的价格详情。

步骤03 单击 DeepSeek 开放平台的 API keys 菜单选项，进入 API keys 页面，如图 3-3 所示。

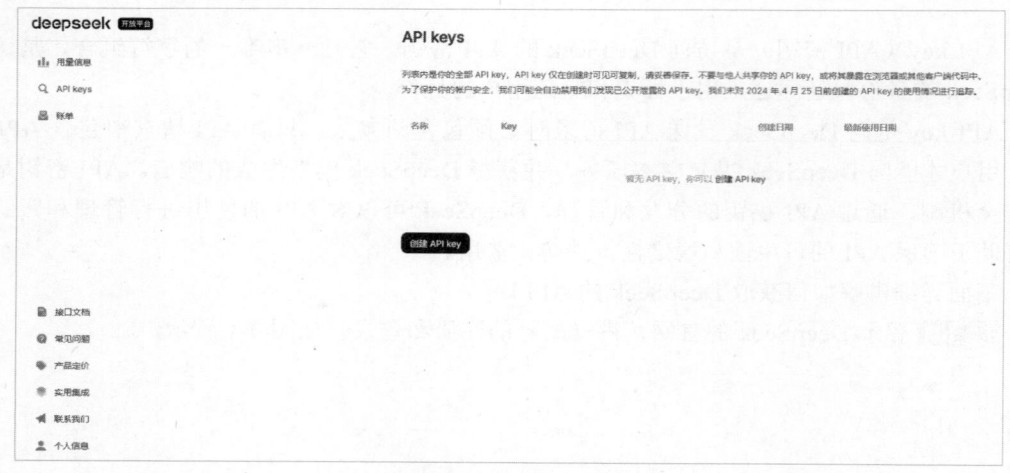

图 3-3　API keys 页面

步骤04 单击"创建 API key"按钮，在弹出的对话框中输入 API key 的名称，如图 3-4 所示。

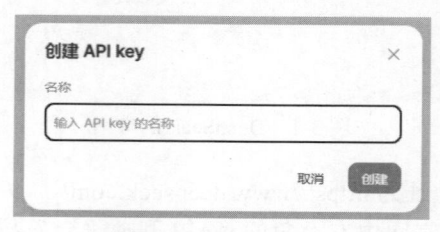

图 3-4　创建 API key

步骤05 单击"创建"按钮，完成创建。至此，API key 创建完成，如图 3-5 所示。

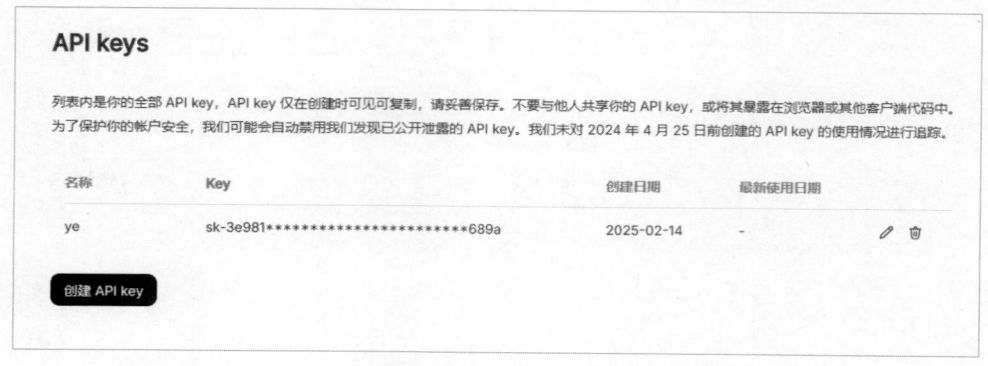

图 3-5　API keys 列表

提示：请妥善保管 API key，若 API key 丢失或泄露，请及时删除此 API key，以免造成损失。

3.1.2　开启 Excel 的宏

宏是一种类似于程序的功能，通过 VBA（Visual Basic for Applications）编程语言，可以录制用户在 Excel 中执行的操作序列，并将其保存为一个宏。因此，可以通过 VBA 来编写一段发送 API 请求的代码，来实现与 DeepSeek 的交互。

Excel 为保证安全，避免宏病毒，宏是默认关闭，想要编写宏文件，首先需要开启宏，具体实现步骤如下：

步骤01 新建一个 Excel 文档，在菜单栏中切换到"文件"选项卡，如图 3-6 所示。

图 3-6　开启宏（一）

步骤02 单击"选项"按钮，如图 3-7 所示。

步骤03 在弹出的对话框中选择"信任中心"选项，如图 3-8 所示。

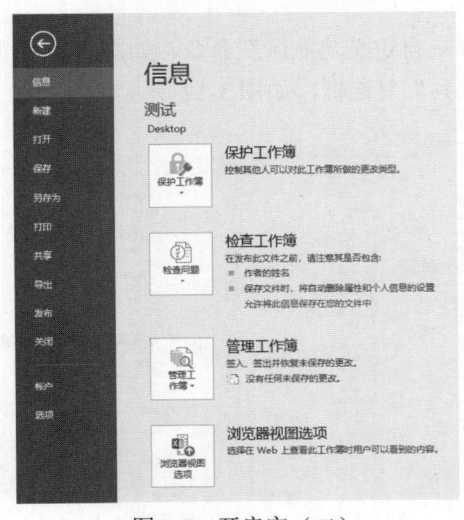

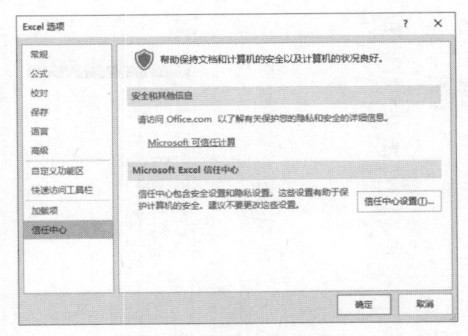

图 3-7　开启宏（二）　　　　　图 3-8　开启宏（三）

步骤04 单击"信任中心设置"按钮。

步骤05 在弹出的对话框中选择"宏设置"选项，如图 3-9 所示。

步骤06 修改宏设置的选择"启用所有宏"单选按钮,并勾选"信任对 VBA 工程对象模型的访问"复选框,如图 3-10 所示。

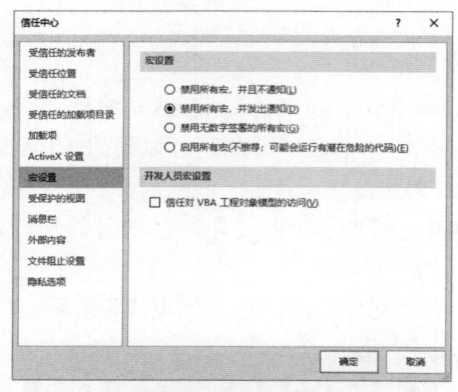

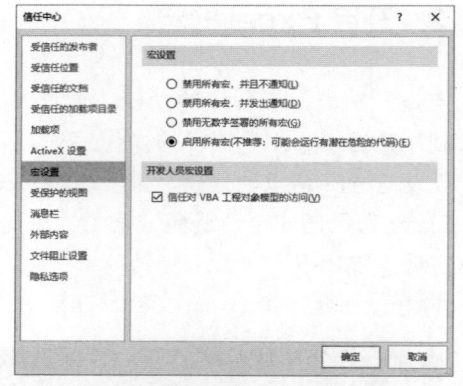

图 3-9　开启宏(四)　　　　　　　　图 3-10　开启宏(五)

步骤07 单击"确定"按钮,至此,Excel 的宏开启成功。

3.1.3　开启 Excel 的开发工具

Excel 工具栏中的开发工具支持直接访问和使用宏的相关功能,开启开发工具后可以更加方便快捷地使用和编辑 Excel 的宏文件,提高宏文件的编写效率。具体实现步骤如下:

步骤01 打开 Excel 文档,执行"文件→选项→自定义功能区"命令,如图 3-11 所示。

步骤02 勾选"自定义功能区"中的"开发工具"复选框,如图 3-12 所示。

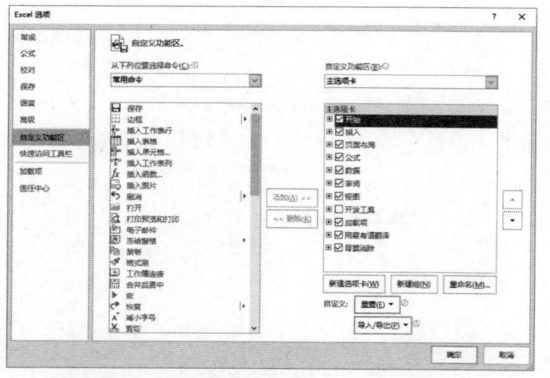

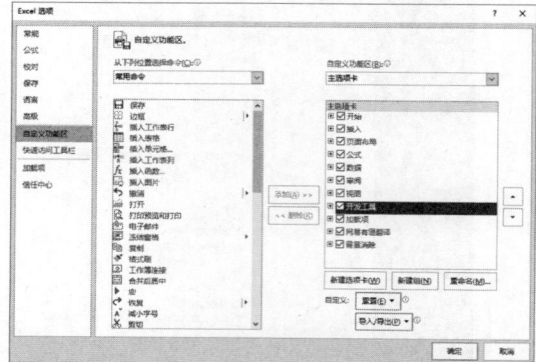

图 3-11　开启 Excel 的开发工具(一)　　　　图 3-12　开启 Excel 的开发工具(二)

步骤03 单击"确定"按钮,至此,Excel 的开发工具开启成功,此时工具栏中新增了"开发工具"选项卡,如图 3-13 所示。

图 3-13　开启 Excel 的开发工具（三）

3.1.4　编写 DeepSeek 宏文件

在 Excel 中调用此宏文件可以直接使用 DeepSeek 模型来生成内容，无须在 DeepSeek 官网中进行操作，此操作可以大大提高工作效率。此宏文件的主要作用是通过此文件发送请求调用 DeepSeek 的 API，并获取 API 的响应结果。在 Excel 中编写宏文件的具体实现步骤如下：

步骤 01　打开 Excel 文档，选择"开发工具"选项，如图 3-14 所示。

图 3-14　编写 DeepSeek 宏文件（一）

步骤 02　单击 Visual Basic 按钮，打开 VBA 窗口，如图 3-15 所示。

步骤 03　执行"插入→模块"命令，插入一个名称为"模块 1"的模块，如图 3-16 所示。

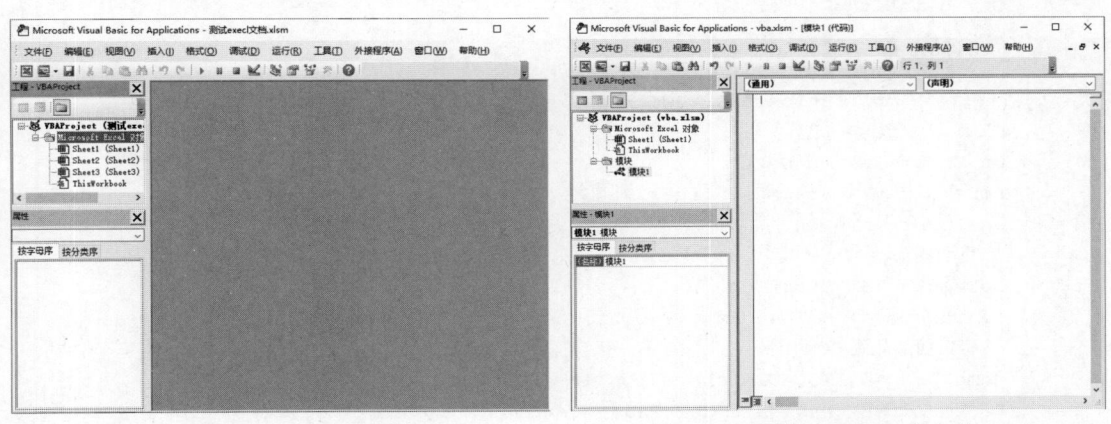

图 3-15　编写 DeepSeek 宏文件（二）　　　图 3-16　编写 DeepSeek 宏文件（三）

步骤 04　在模块中编写 VBA 代码实现调用 DeepSeek 的 API，具体实现代码如下：

```
Option Explicit
Private Declare PtrSafe Function VBA_StartEdge Lib "libEdge.dll" _
```

```vba
            (Optional ByVal userDataFolder As String = "C:\Temp\", _
            Optional ByVal xPos As Long = 1200, _
            Optional ByVal yPos As Long = 200, _
            Optional ByVal width As Long = 600, _
            Optional ByVal height As Long = 800, _
            Optional ByVal timeOut As Long = 5000) As Long
    Private Declare PtrSafe Function VBA_StopEdge Lib "libEdge.dll" _
            (Optional ByVal deleteData As Boolean = 0, Optional ByVal timeOut As Long = 2000) As Long
    Private Declare PtrSafe Function VBA_Navigate Lib "libEdge.dll" _
            (ByVal url As String, _
            Optional ByVal timeOut As Long = 5000) As Long
    Const KEY = "你的API key"
    Const DEMOPAGENAME = "https://duzheshequ.com/vba/index.html?key=" + KEY
    '打开
    Sub RunDemo_Click()
        Dim result As Long
        result = DoDemo()
        If result <> 0 Then MsgBox "Error " & result, vbSystemModal
    End Sub
    Private Function DoDemo() As Integer
        Dim result As Long
        Dim timeOut As Long
        Dim elemIndex As Integer
        Dim count As Integer
        Dim jsResult As String
        Dim allElements As String
        Dim js As String
        Dim path As String
        Dim demoPage As String
        Application.Visible = True
        '文件所在路径
        path = Application.ActiveWorkbook.path & "\"
        ChDir path
        On Error Resume Next
        DoDemo = VBA_StopEdge(True)
        On Error GoTo 0
        '启动浏览器
        DoDemo = VBA_StartEdge()
        If DoDemo <> 0 Then Exit Function
        '将页面加载到DOM中
        demoPage = DEMOPAGENAME
        DoDemo = VBA_Navigate(demoPage)
        If DoDemo <> 0 Then Exit Function
        Exit Function
    End Function
```

说明：KEY 的值为 3.1.1 小节中申请的 DeepSeek 的 API key。

步骤05 保存方法，至此，DeepSeek 的宏文件编写完成。

3.1.5 创建宏文件的快捷方式

为了在 Excel 中更加方便快捷地使用 DeepSeek 模型,可以将调用 DeepSeek 模型的宏文件的图标添加到 Excel 的快捷工具栏上,这样就可以通过单击该图标实现 DeepSeek 模型的调用了,具体实现步骤如下:

步骤01 打开 Excel 文档,执行"文件→选项→自定义功能区"命令,如图 3-17 所示。

步骤02 在"自定义功能区"中的"开始"复选框上右击,在弹出的快捷菜单中选择"添加新组"命令,如图 3-18 所示。

图 3-17　创建宏文件的快捷方式(一) 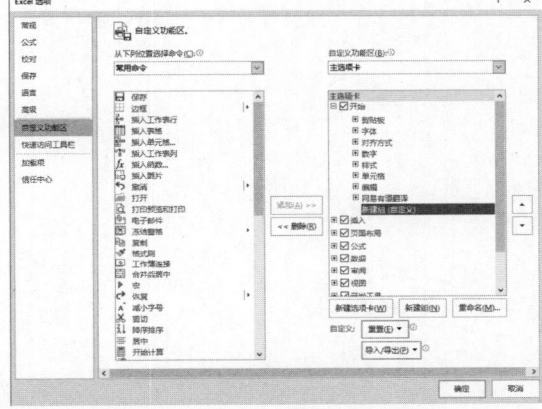　　　图 3-18　创建宏文件的快捷方式(二)

步骤03 在"从下列位置选择命令"下拉列表框中选择"宏"选项,并将名称为 RunDemo_Click 的宏添加到新建组中,如图 3-19 所示。

步骤04 分别选中"新建组"和 RunDemo_Click 选项,进行重命名操作,修改"新建组"的名称为 DeepSeek,RunDemo_Click 的名称为"DeepSeek 插件",也可根据自己的喜好修改图标样式,如图 3-20 所示。

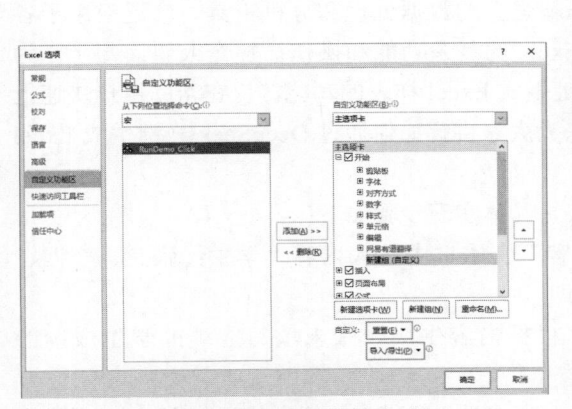

图 3-19　创建宏文件的快捷方式(三) 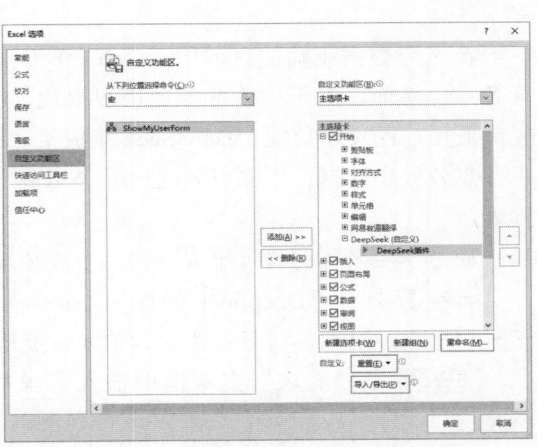　　　图 3-20　创建宏文件的快捷方式(四)

步骤05 返回 Excel 文档，查看工具栏，此时"DeepSeek 插件"按钮出现在"开始"选项卡的最右侧，如图 3-21 所示。

图 3-21　创建宏文件的快捷方式（五）

步骤06 单击"DeepSeek 插件"按钮，开始使用 DeepSeek 插件，如图 3-22 所示。

图 3-22　创建宏文件的快捷方式（六）

3.2　实战案例：一键生成 Excel 样表

在当今数据驱动的世界中，Excel 作为一款强大的数据处理和分析工具，广泛应用于各行各业。然而，对于许多非专业用户来说，Excel 的复杂功能和操作往往令人望而却步。为了降低用户的使用门槛，DeepSeek 集成了一键生成 Excel 样表的功能，旨在帮助用户快速上手并高效处理数据。下面将为通过一个示例来为大家讲解如何通过 DeepSeek 一键生成 Excel 样表。

通过学生名称和科目生成一张学生成绩表，具体实现步骤如下：

步骤01 打开"DeepSeek 插件"，在"内容"文本框中输入内容"学生：张三、李四、王五、马六、冯七，科目：语文、数学、英语"。

步骤02 在"需求"文本框中输入需求"根据内容生成一张未填写成绩的学生成绩的 Excel 表"。

步骤03 单击"提交"按钮，等待 DeepSeek 生成学生成绩表，返回结果如图 3-23 所示。

步骤04 复制学生成绩表到 Excel 中，如图 3-24 所示。
步骤05 根据自己的需求美化生成的学生成绩表，如添加表头、添加边框线等，美化的学生成绩表如图 3-25 所示。

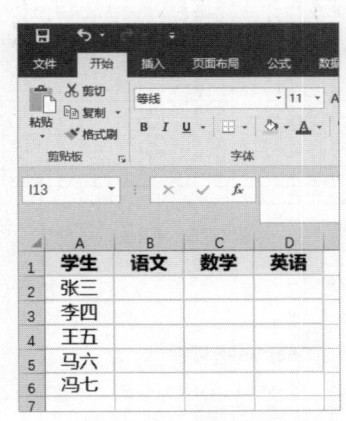

图 3-23　生成学生成绩表　　　图 3-24　学生成绩表　　　图 3-25　美化的学生成绩表

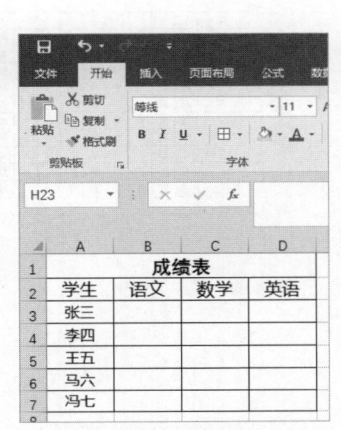

3.3　实战案例：满勤奖金与绩效统计一键完成

在日常工作中，Excel 考勤表作为一种不可或缺的管理工具，被广泛用于记录并统计员工当月的出勤情况及个人绩效表现。本节将深入指导如何利用 DeepSeek 这一高效工具，迅速而准确地完成考勤表中的考勤统计与绩效统计任务，让烦琐的数据处理工作变得得心应手。

3.3.1　统计出勤天数

在现代企业管理中，计算考勤是人力资源工作的重要组成部分。通过准确计算员工的出勤天数，企业可以更好地评估员工的工作表现，并为薪酬和绩效管理提供数据支持。下面将为大家介绍如何通过 DeepSeek 和 Excel 高效计算考勤表中的出勤天数。

步骤01 打开 Excel 考勤表（此表格数据仅用于操作展示），如图 3-26 所示。
步骤02 复制 Excel 考勤表中计算用户考勤相关的数据，然后打开"DeepSeek 插件"。
步骤03 将复制的内容粘贴到"DeepSeek 插件"的"内容"文本框中。
步骤04 在"需求"文本框中输入"统计每个用户的出勤天数"。
步骤05 单击"提交"按钮，等待 DeepSeek 返回结果，结果如图 3-27 所示。

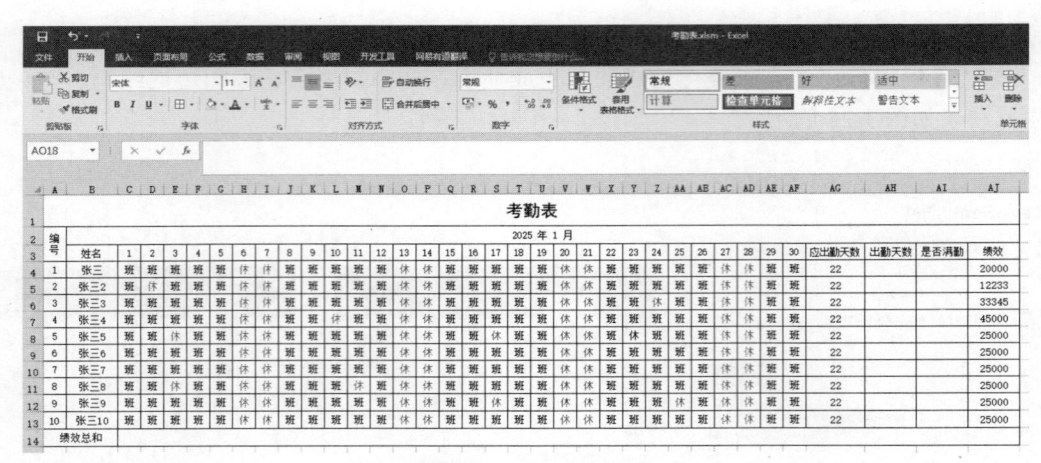

图 3-26　Excel 考勤表

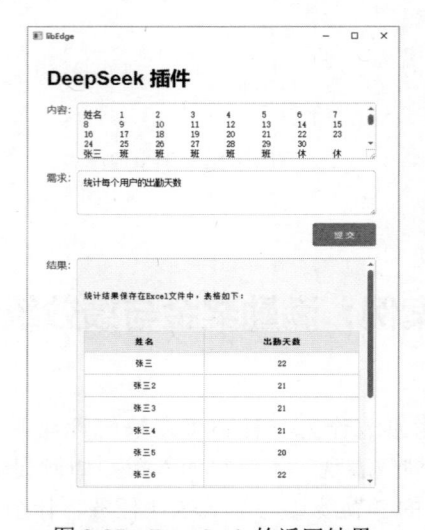

图 3-27　DeepSeek 的返回结果

步骤06 将 DeepSeek 计算出的出勤天数复制到 Excel 考勤表中，如图 3-28 所示。

图 3-28　Excel 考勤表

3.3.2 统计是否满勤

为了激励员工按时到岗，不少企业设置了满勤奖金。准确统计员工是否满勤对于发放奖金至关重要。本节将详细介绍如何使用 DeepSeek 工具快速判断并统计员工的满勤情况，确保公平、公正地发放满勤奖金。

步骤01 复制 Excel 考勤表中用于计算用户是否满勤的数据，然后将粘贴到"DeepSeek 插件"的"内容"文本框中。

步骤02 在"需求"文本框中输入需求"统计每个用户是否满勤"。

步骤03 单击"提交"按钮，等待 DeepSeek 回复，返回结果如图 3-29 所示。

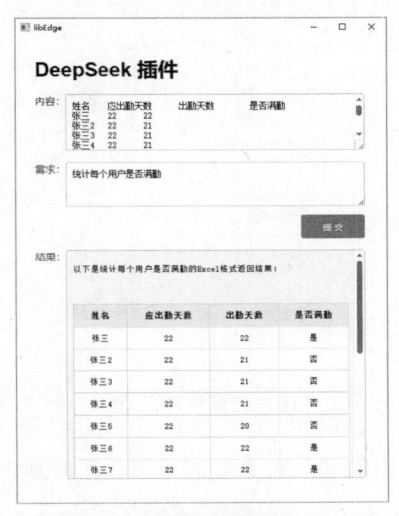

图 3-29 计算是否满勤（一）

步骤04 将 DeepSeek 计算出的是否满勤数据复制到 Excel 考勤表中，如图 3-30 所示。

图 3-30 计算是否满勤（二）

3.3.3 计算绩效总和

员工的绩效总和是评价其工作表现的重要指标之一。通过 DeepSeek，我们可以快速汇总每位员工的绩效分数,为企业的绩效管理和决策提供有力支持。接下来,将一步步展示如何在 Excel 中利用 DeepSeek 进行绩效总和的计算。

步骤01 复制 Excel 考勤表中用于计算绩效总和的数据,然后粘贴到"DeepSeek 插件"的"内容"文本框中。

步骤02 在"需求"文本框中输入需求"计算绩效总和"。

步骤03 单击"提交"按钮,等待 DeepSeek 回复,返回结果如图 3-31 所示。

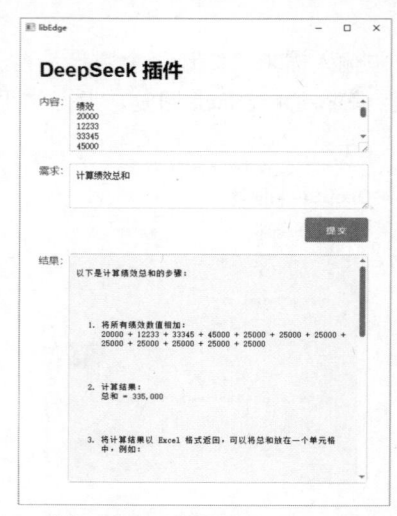

图 3-31 计算绩效总和(一)

步骤04 将 DeepSeek 计算出的绩效总和复制到 Excel 考勤表中,如图 3-32 所示。

图 3-32 计算绩效总和(二)

3.4 实战案例:动态销售数据可视化图表轻松打造

在当下这个信息如潮水般涌动的时代,数据可视化已然跃升为企业决策与业务剖析领域不可或缺的核心要素。面对销售数据瞬息万变的态势,传统的静态图表在捕捉这些动态信息时显得力不从心。本节将引领读者探索如何利用 DeepSeek 携手 Excel，轻松构建出灵动鲜活的销售数据可视化图表。

3.4.1 计算销售金额

在着手将数据转化为直观的可视化图表之前，首先需要精确计算出手机、平板等产品的销售总额，下面介绍如何使用我们自己封装的 DeepSeek 插件快速计算出各个产品的销售总额，具体实现步骤如下：

步骤01 打开 Excel 销售表（此表格数据仅用于操作展示），如图 3-33 所示。

步骤02 复制 Excel 销售表中用于计算销售金额的数据，然后粘贴到"DeepSeek 插件"的"内容"文本框中。

步骤03 在"需求"文本框中输入需求"统计销售金额"。

步骤04 单击"提交"按钮，等待 DeepSeek 回复，返回结果如图 3-34 所示。

步骤05 将 DeepSeek 计算出的销售金额复制到 Excel 考勤表中，如图 3-35 所示。

图 3-33　Excel 销售表

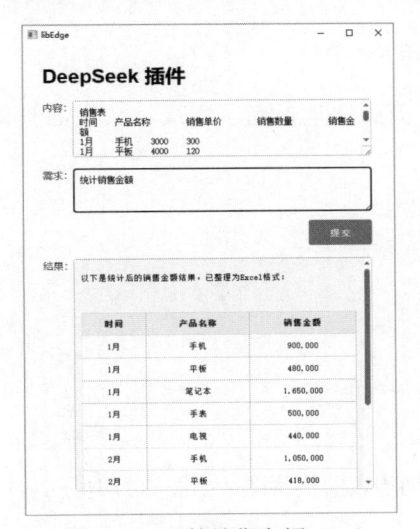

图 3-34　计算销售金额（一）

图 3-35　计算销售金额（二）

3.4.2 生成可视化图表

通过 DeepSeek 的智能化功能和 Excel 的强大图表工具，可以轻松地将枯燥的数据转化为生动的柱状图、折线图、饼图等多种可视化形式，从而更直观地洞察数据背后的趋势和规律。下面介绍如何利用 DeepSeek 与 Excel 协同工作，快速生成高质量的可视化图表，具体实现步骤如下：

步骤01 打开 DeepSeek 插件，将销售表数据复制并粘贴到"内容"文本框中。
步骤02 在"需求"文本框中输入需求"根据上述内容生成一个柱状图"。
步骤03 单击"提交"按钮，等待 DeepSeek 回复，返回结果如图 3-36 所示。

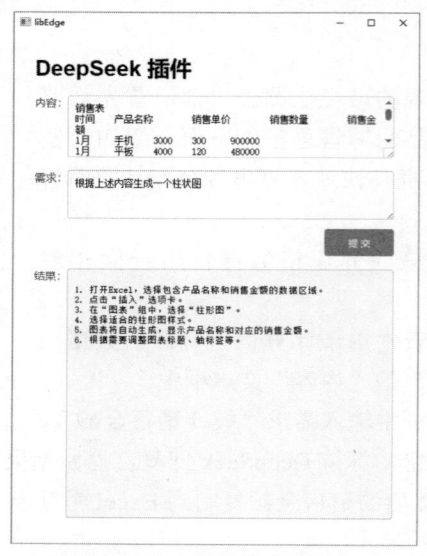

图 3-36　生成可视化图表（一）

说明：由于 DeepSeek 无法直接生成柱状图，因此这里返回了生成柱状图的具体实现步骤。

结果：

> **DeepSeek：**
> 1. 打开 Excel，选择包含产品名称和销售金额的数据区域。
> 2. 单击"插入"选项卡。
> 3. 在"图表"组中选择"柱形图"。
> 4. 选择适合的柱形图样式。
> 5. 图表将自动生成，显示产品名称和对应的销售金额。
> 6. 根据需要调整图表标题、轴标签等。

步骤04 按照 DeepSeek 提供的方法可以快速生成销售表的柱状图，如图 3-37 所示。

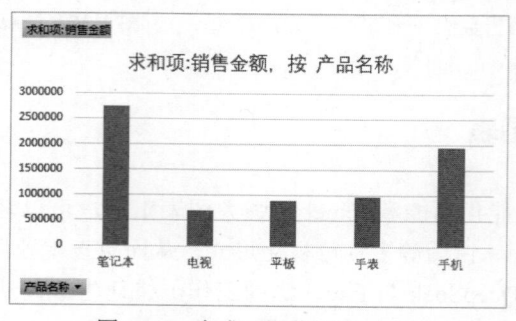

图 3-37　生成可视化图表（二）

3.5 高效密码：公式错误调试与数据格式冲突应对策略

在当今数据驱动的时代，Excel 已成为数据处理和分析的强大工具。然而，在使用 DeepSeek 生成一些公式和数据时，公式错误与数据格式冲突成为不可避免的问题。这些问题不仅会影响数据分析的准确性，还可能导致工作效率的降低。本节将详细讲解在遇到公式错误与数据格式冲突时如何快速处理。

3.5.1 DeepSeek 在 Excel 公式错误调试中的作用

DeepSeek 是一种先进的数据分析和调试工具，它可以更高效地定位和修复 Excel 中的公式错误。与传统的调试方法相比，DeepSeek 具有更高的智能化和自动化程度，能够大大节省调试时间。

在编辑或调试 Excel 公式时，DeepSeek 可以根据上下文提供相关的提示和建议。例如，当输入一个函数名称时，DeepSeek 可以列出该函数的参数和用法，帮助快速完成公式的编写。同时，如果在公式中使用了错误的函数或参数，DeepSeek 也会给出相应的提示，提醒我们进行修正。下面将通过两个示例来详细介绍。

示例一：获取求和函数的使用方法。

步骤01 打开 DeepSeek 插件，在"内容"文本框中输入内容"求和函数"。

步骤02 在"需求"文本框中输入需求"请告诉我 Excel 求和函数的用法"。

步骤03 单击"提交"按钮，等待 DeepSeek 回复，返回结果如图 3-38 所示。

图 3-38 获取函数和其使用方法

结果：

> **DeepSeek：** 在 Excel 中，SUM 函数是一个强大的工具，用于对一系列数值进行求和。以下是 SUM 函数的详细使用方法和注意事项：
>
> 1. 基本用法
>
> 语法：=SUM(number1, [number2], ...)
>
> number1, number2, ...：可以是数字、单元格引用、数组或区域。
>
> 示例：
>
> 单一范围：=SUM(A1:A5)，计算 A1 到 A5 的和。
>
> 多个数值：=SUM(10,20,30)，计算 10、20 和 30 的和。
>
> 多个区域：=SUM(A1:A5,C1:C5)，计算 A1 到 A5 和 C1 到 C5 的和。
>
> 2. 快捷方式
>
> 自动填充：在输入公式后，按 Ctrl + Enter，Excel 会自动扩展求和范围。
>
> 粘贴功能：在编辑栏输入 =sum，然后拖动填充柄到需要求和的范围。
>
> 3. 注意事项
>
> 忽略非数值：SUM 函数只处理数字，忽略文字、逻辑值或空单元格。
>
> 条件求和：使用 SUMIF 或 SUMIFS 函数进行基于条件的求和。
>
> 4. 高级技巧
>
> 动态范围：使用 SUM(A:A) 对整个求和，SUM(Sheet1:Sheet2!A:A) 对两个工作表的列求和。
>
> 数组公式：使用 SUMPRODUCT 函数进行更复杂的条件求和。
>
> 5. 示例
>
> 手动输入：输入数据后，使用公式 =SUM(A1:A5) 求和。
>
> 自动扩展：输入 =SUM(A:A)，Excel 自动求和整个列。
>
> 6. 误用与替代
>
> 误用文字：SUM 对纯文本忽略，但若单元格内容为数值类型，可能被转换。
>
> 通过掌握这些方法和技巧，你可以高效地使用 SUM 函数进行各种求和操作，提升工作效率。

示例二：错误函数更正。

步骤01 打开 DeepSeek 插件，在"内容"文本框中输入内容"=COUNAA(A1:E1)"。

步骤02 在"需求"文本框中输入需求"这个函数是正确的么"。

步骤03 单击"提交"按钮，等待 DeepSeek 回复，返回结果如图 3-39 所示。

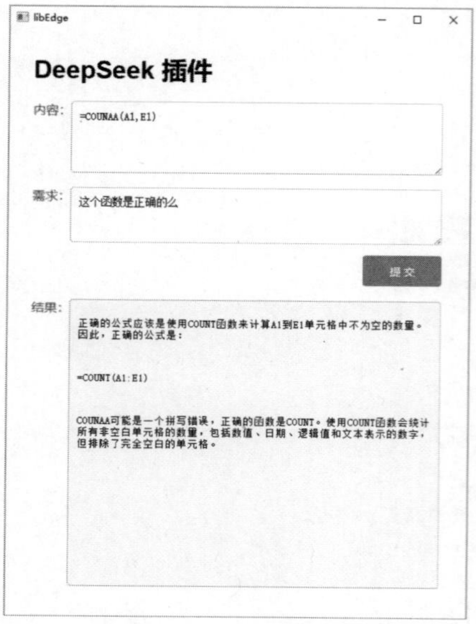

图 3-39 错误函数纠正

结果：

> **DeepSeek：** 正确的公式应该是使用 COUNT 函数来计算 A1 到 E1 单元格中不为空的数量。
> 因此，正确的公式是：=COUNT(A1:E1)
> COUNAA 可能是一个拼写错误，正确的函数是 COUNT。使用 COUNT 函数会统计所有非空白单元格的数量，包括数值、日期、逻辑值和文本表示的数字，但排除了完全空白的单元格。

3.5.2 数据格式冲突时的应对策略

在处理 Excel 数据时，数据格式冲突是一个常见的问题。不同的数据格式可能会导致计算结果不一致、排序混乱等问题，影响数据分析的准确性。在复制和使用 DeepSeek 生成数据时也可能会导致格式冲突问题，因此，需要采取一些措施来应对数据格式冲突问题。

1. 统一数据格式

为了避免数据格式冲突，应该尽量保持数据的统一性。在输入数据时，应该遵循一定的规范和标准，确保所有的数据都采用相同的格式。例如，日期应该使用统一的日期格式，数字应该使用相同的小数位数等。这样可以减少因数据格式不一致而导致的错误和混乱。

2. 转换数据类型

在某些情况下，需要对不同的数据类型进行转换，以满足特定的需求。例如，将文本型数字转换为数值型数字、将日期型数字转换为文本型数字等。Excel 提供了许多数据类型转换的方法，如 TEXT、VALUE、DATE 等函数，可以根据需要选择合适的方法进行转换。

说明：

1）TEXT 函数

介绍：将数值转换为文本，并根据指定格式显示。它可以根据用户的需要，将数字、日期等数据类型按照特定的文本格式进行展示。

语法：TEXT(value,format_text)。其中，value 为要转换的数值、计算结果或包含数字的单元格引用；format_text 为指定的显示格式，需用引号括起来。

示例：假设单元格 A1 中的数值为 1234.56789，使用公式 =TEXT(A1,"0.00")，则返回 "1234.57；若使用公式 =TEXT(A1,"￥#,##0.00")，则返回 "￥1,234.57"。

2）VALUE 函数

介绍：将文本格式的数字转换为数值格式，以便进行数学计算或其他数值相关的操作。

语法：VALUE(text)。其中，text 为需要转换成数值格式的文本，可以是引用或文本字符串。

示例：如果单元格 B3 中是文本格式的金额 "￥1,24.56"，那么在 F3 单元格中输入公式 =VALUE(B2)，即可将其转换为数值 124.56。

3）DATE 函数

介绍：通过指定年、月、日来构造日期，是 Excel 中最基础和常用的日期处理函数之一。

语法：DATE(year,month,day)。其中，year 为年份（1900 到 9999），month 为月份（1 到 12），day 为日期（1 到 31）。

示例：=DATE(2024,1,15) 返回 2024 年 1 月 15 日；=DATE(YEAR(TODAY()),1,1) 返回本年第一天。

3. 检查数据完整性

在进行数据分析之前，应该先检查数据的完整性。缺失的数据或错误的数据可能会导致计算结果不准确或无法进行计算。可以使用 Excel 的筛选功能或条件格式功能来查找缺失的数据或错误的数据，并进行相应的补充或修正。

第 4 章

DeepSeek助力Word智能文档创作新境界

本章概述

在当今快节奏的信息时代，AI技术的迅猛发展正不断改变着我们的工作和生活方式。特别是自然语言处理领域，AI技术的应用已经从简单的文本分析、内容推荐扩展到了复杂的文档生成、翻译校对等高级功能。在这样的背景下，DeepSeek与Word的完美融合，不仅标志着办公自动化的一大步进，也为用户带来了前所未有的便捷体验。DeepSeek与Word的深度融合，不仅提升了办公效率，也为各行各业的专业工作带来了革命性的变化。无论是法律、科研还是商务领域，这种技术的应用都展现出了巨大的潜力和价值。

本章将通过几个实战案例，揭秘如何利用DeepSeek与Word的深度融合，解决实际工作中的问题。

知识导读

本章要点（已掌握的在方框中打钩）
- ☐ DeepSeek 与 Word 完美融合之道揭秘。
- ☐ 实战案例：法律合同模板自动生成实战。
- ☐ 实战案例：学术论文写作效率大幅提升。
- ☐ 实战案例：多语言合同快速翻译与精准校对实战。
- ☐ 实战案例：DeepSeek 助力短文续写与修改。
- ☐ 高效密码：格式错乱与术语一致性保障策略。

4.1 DeepSeek 与 Word 完美融合之道揭秘

随着AI技术的快速发展，智能文档创作已成为现代办公的一大趋势。DeepSeek作为一款先进的AI助手，其与Word的深度整合，为用户打开了高效、精准的写作新篇章。DeepSeek与Word的结合，不仅体现在基础的文本输入和编辑上，更在于它能够理解用户的意图，提供针对性的建议，从而实现智能化的文档处理。

　　DeepSeek 通过自然语言处理技术，能够解析用户的指令并快速响应。无论是撰写商业计划书、法律文件还是学术论文，只需简单输入关键词或主题，DeepSeek 便能迅速生成高质量的初稿。此外，它还支持多语言环境，无论用户需要中文、英文或其他语言的文档，都能轻松应对。这种跨语言的能力，大大提升了工作效率，使得跨国合作变得无比顺畅。

　　DeepSeek 还具备强大的数据分析能力，能够从海量数据中提取关键信息，帮助用户构建逻辑严密、论据充分的文档内容。在处理复杂项目时，这一功能显得尤为重要，因为它可以确保所有相关信息都被准确无误地纳入文档中。

4.1.1　DeepSeek 与 Word 的完美融合

　　DeepSeek 与 Word 的界面无缝集成，极大地提升了用户的操作便捷性。用户无须在不同的软件之间切换，即可在 Word 中直接调用 DeepSeek 的功能。这种集成方式不仅节省了时间，还减少了学习成本，使得用户可以更专注于文档内容本身。无论是初学者还是资深用户，都能迅速掌握并享受 DeepSeek 带来的高效体验。

　　下面讲解如何在 Word 中无缝集成 DeepSeek。

步骤01 获取 DeepSeek 的 API key（详情见 3.1.1 节）。

步骤02 开启 Excel 的宏（详情见 3.1.2 节）。

步骤03 开启 Excel 的开发工具（详情见 3.1.3 节）。

步骤04 编写 DeepSeek 宏文件（类似于 3.1.4 节）。

（1）单击"开发工具"选项中的 Visual Basic 按钮，打开 VBA 窗口。

（2）执行"插入→模块"命令，插入一个名称为"模块 1"的模块。

（3）在"模块 1"中编写 VBA 代码，实现调用 DeepSeek 的 API，具体实现代码如下：

```
Option Explicit
Private Declare PtrSafe Function VBA_StartEdge Lib "libEdge.dll" _
        (Optional ByVal userDataFolder As String = "C:\Temp\", _
         Optional ByVal xPos As Long = 1200, _
         Optional ByVal yPos As Long = 200, _
         Optional ByVal width As Long = 600, _
         Optional ByVal height As Long = 800, _
         Optional ByVal timeOut As Long = 5000) As Long
Private Declare PtrSafe Function VBA_StopEdge Lib "libEdge.dll" _
         (Optional ByVal deleteData As Boolean = 0, Optional ByVal timeOut As Long = 2000) As Long
Private Declare PtrSafe Function VBA_Navigate Lib "libEdge.dll" _
        (ByVal url As String, _
         Optional ByVal timeOut As Long = 5000) As Long
Const KEY = "你的 API key"
Const DEMOPAGENAME = "https://duzheshequ.com/vba/index.html?key=" + KEY
'打开
Sub RunDemo_Click()
```

```vba
    Dim result As Long
    result = DoDemo()
    If result <> 0 Then MsgBox "Error " & result, vbSystemModal
End Sub
Private Function DoDemo() As Integer
    Dim result As Long
    Dim timeOut As Long
    Dim elemIndex As Integer
    Dim count As Integer
    Dim jsResult As String
    Dim allElements As String
    Dim js As String
    Dim path As String
    Dim demoPage As String
    Application.Visible = True
    ' 文件所在路径
    path = ActiveDocument.path & "\"
    ChDir path
    On Error Resume Next
    DoDemo = VBA_StopEdge(True)
    On Error GoTo 0
    ' 启动浏览器
    DoDemo = VBA_StartEdge()
    If DoDemo <> 0 Then Exit Function
    ' 将页面加载到 DOM 中
    demoPage = DEMOPAGENAME
    DoDemo = VBA_Navigate(demoPage)
    If DoDemo <> 0 Then Exit Function
    Exit Function
End Function
```

说明：KEY 的值为申请的 DeepSeek 的 API key。

（4）保存方法，至此，DeepSeek 的宏文件编写完成。

步骤05 创建宏文件的快捷方式（详情见 3.1.5 节）。

4.1.2 DeepSeek 助力 Word 深度理解文档内容

DeepSeek 的核心优势在于其强大的自然语言处理能力。通过深度学习算法和大数据分析，DeepSeek 可以帮助 Word 快速识别文章中的最关键信息，从而帮助用户更高效地审查和编辑文档，还可以根据语境推荐更合适的词汇和表达方式，避免重复和单调，提升文章的专业性和可读性。

接下来，将通过两个示例详尽展现 DeepSeek 的非凡魅力。

示例一：DeepSeek 助力 Word 获取文章中的关键信息。

步骤01 复制要获取关键信息的文章内容，然后单击封装的"DeepSeek 插件"，如图 4-1

所示。

步骤02 将复制的文章内容粘贴到"DeepSeek 插件"的"内容"文本框中。

步骤03 在"需求"文本框中输入需求"获取文章中的关键信息"。

步骤04 单击"提交"按钮，等待 DeepSeek 返回结果，返回结果如图 4-2 所示。

图 4-1　使用 DeepSeek 插件　　　　图 4-2　使用 DeepSeek 插件获取文章中的关键信息

文章内容：

在人工智能的浩瀚星空中，DeepSeek 犹如一颗璀璨的新星，正以其独特的光芒照亮技术前行的道路。作为一家创新型科技公司，自 2023 年 7 月 17 日成立以来，DeepSeek 便以开发先进的大语言模型和相关技术为己任，致力于推动人工智能技术的发展和应用。

DeepSeek 的核心产品是其大型语言模型（LLM），这一模型不仅具有强大的文本生成能力，还能在多种任务上展现出卓越的性能。从文本创作到自然语言理解，从代码生成到数学问题解答，DeepSeek 的 LLM 都表现出了令人瞩目的实力。这使得它在内容创作、客户服务、教育、研究以及软件开发等多个领域都有着广泛的应用前景。

除了 LLM 之外，DeepSeek 还推出了多款专用模型，如 DeepSeek Coder、DeepSeek-VL 等，这些模型针对特定任务进行了优化，进一步提升了其在相应领域的表现。同时，DeepSeek 注重开源技术的应用，将其模型和训练细节公开发布，允许开发者和研究者自由使用、修改和共享技术，从而促进了合作并加速了 AI 社区的创新。

值得一提的是，DeepSeek 的成功并非偶然。其背后有着强大的硬件支持和战略眼光。由知名量化资管巨头幻方量化孕育而生，DeepSeek 拥有得天独厚的硬件资源和技术支持。此外，公司创始人梁文峰凭借其在金融领域的深厚底蕴和对 AI 技术的敏锐洞察，为 DeepSeek 的发展奠定了坚实的基础。

需求：

获取文章中的关键信息

获取的关键信息：

> **DeepSeek：** 关键信息整理
> 公司背景
> 成立时间：2023 年 7 月 17 日
> 成立背景：由知名量化资管巨头幻方量化孕育而成，具备强大的硬件资源和技术支持。
> 创始人：梁文峰，拥有深厚金融背景和对 AI 技术的敏锐洞察力。
> 核心产品
> 大型语言模型（LLM）：具备强大的文本生成能力，能在多种任务上展现出卓越性能，包括文本创作、自然语言理解、代码生成和数学问题解答。
> 技术优势
> 多样化应用能力：在内容创作、客户服务、教育、研究以及软件开发等多个领域具有广泛的应用前景。
> 专用模型：推出 DeepSeek Coder、DeepSeek-VL 等模型，针对特定任务进行优化，进一步提升了在相关领域的表现。
> 开源技术
> 开放共享：将模型和训练细节公开发布，促进合作和技术共享，加速 AI 社区的创新。
> 硬件资源与战略支持
> 硬件优势：拥有得天独厚的硬件资源和技术支持，为其发展提供了坚实保障。
> 应用领域
> 广泛应用场景：内容创作、客户服务、教育、研究、软件开发等多个领域均展现出应用前景。

示例二：DeepSeek 助力 Word 美化文章内容。

步骤01 复制需要美化的文章内容，打开"DeepSeek 插件"。

步骤02 将复制的文章内容粘贴到"DeepSeek 插件"的"内容"文本框中。

步骤03 在"需求"文本框中输入需求"美化文章内容"。

步骤04 单击"提交"按钮，等待 DeepSeek 返回结果，返回结果如图 4-3 所示。

图 4-3　使用 DeepSeek 插件美化文章内容

文章内容：

> 在人工智能的浩瀚星空中，DeepSeek 犹如一颗璀璨的新星，以其卓越的技术实力和广泛的应用前景，引领着行业的新一轮变革。作为杭州深度求索人工智能基础技术研究有限公司精心打造的开源人工智能工具库，DeepSeek 不仅承载着技术创新的光辉，更寄托着对未来智能社会的无限憧憬。

需求：

> 美化文章内容

美化后的文章内容：

> **DeepSeek：**【DeepSeek 闪耀启明星计划——引领未来变革，开创智能新纪元】
> 杭州深度求索人工智能基础技术研究有限公司正式发布全新开源人工智能工具库——DeepSeek，这标志着科技创新与商业实践的 next generation 升级。
> DeepSeek 犹如璀璨新星，承载着中国人工智能领域的技术创新与未来愿景。作为行业引领者，公司以开放创新的姿态，致力于推动人工智能技术的前沿探索与应用实践，为商业社会的智能化转型提供强劲动力。
> 这一重要时刻，DeepSeek 正式开启智能新纪元。作为开源平台，它不仅汇聚全球顶尖算法与算力资源，更提供创新的技术生态，赋能无数开发者与企业，共同探寻人工智能的无限可能。面向未来，DeepSeek 将继续以开放包容的姿态，携手全球智行者，共同书写智能时代的华章。

4.2 实战案例：法律合同模板自动生成实战

在法律领域，合同的撰写是一项既复杂又精细的工作，传统的撰写方式往往耗时且容易出错。然而，借助 DeepSeek 的力量，可以实现自动化的合同模板生成。首先，用户只需输入合同类型（如租赁、销售等）及一些非常规的要求，DeepSeek 就能根据这些信息自动生成法律合同模板。接着，DeepSeek 会利用内置的法律知识库对条款进行审核，确保每条都符合最新的法律法规要求。最后，一份完整、合规的合同就呈现在了用户面前。

这一过程不仅节省了大量的人力成本，而且极大地减少了因人为疏忽导致的错误。更重要的是，DeepSeek 提供的合同模板是动态更新的，这意味着随着法律政策的变化，模板也会及时调整，保证用户始终使用最准确的文档。下面将以生成房屋租赁法律合同模板为例进行详细介绍。

4.2.1 快速生成一份房屋租赁法律合同模板

使用 DeepSeek 生成房屋租赁法律合同模板的过程非常简单。用户只需输入关键文字"生成一份房屋租赁法律合同模板"。这是生成房屋租赁法律合同的基础，也是确保合同内容准确的关键。用户在输入完信息后单击"提交"按钮，DeepSeek 将会立即开始处理。它

第 4 章 DeepSeek 助力 Word 智能文档创作新境界

会根据内置的法律知识库和先进的算法,自动生成一份符合当前法律法规的房屋租赁合同模板。整个过程通常只需要几分钟,速度远远快于传统的撰写方式。

快速生成房屋租赁法律合同模板,具体实现流程如下:

步骤01 打开 DeepSeek 插件,在"需求"文本框中输入"生成一份房屋租赁法律合同模板"。

步骤02 单击"提交"按钮,等待 DeepSeek 生成房屋租赁法律合同模板,返回结果如图 4-4 所示。

步骤03 将 DeepSeek 返回的结果复制到 Word 文档中,如图 4-5 所示。

图 4-4 生成房屋租赁法律合同模板   图 4-5 房屋租赁法律合同模板(部分内容)

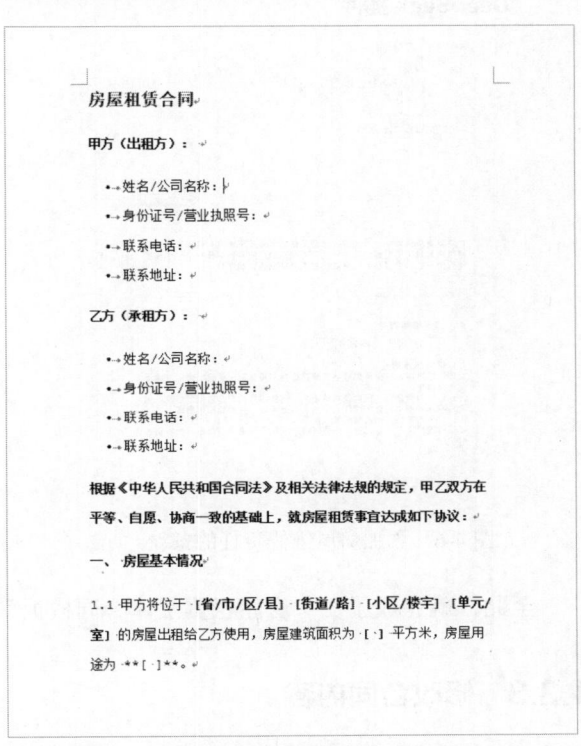

至此,一份房屋租赁法律合同模板就生成了。

4.2.2 补充合同内容

虽然 DeepSeek 生成的合同模板已经非常完善,但每个具体的租赁情况都有其独特之处。因此,用户可能还需要根据实际情况对合同内容进行补充。例如,如果租赁双方希望增加关于房屋维修责任的条款。

补充房屋租赁法律合同模板内容,具体实现流程如下:

步骤01 复制已生成的"房屋租赁法律合同模板"内容,打开"DeepSeek 插件"。

步骤02 将复制的内容粘贴到"DeepSeek 插件"的"内容"文本框中。

步骤03 在"需求"文本框中输入需求"添加房屋维修责任的条款"。

步骤04 单击"提交"按钮,等待 DeepSeek 重新生成房屋维修责任的条款,返回结果如图 4-6 所示。

步骤05 将重新生成的房屋维修责任的条款复制到"房屋租赁法律合同模板"中,如图 4-7 所示。

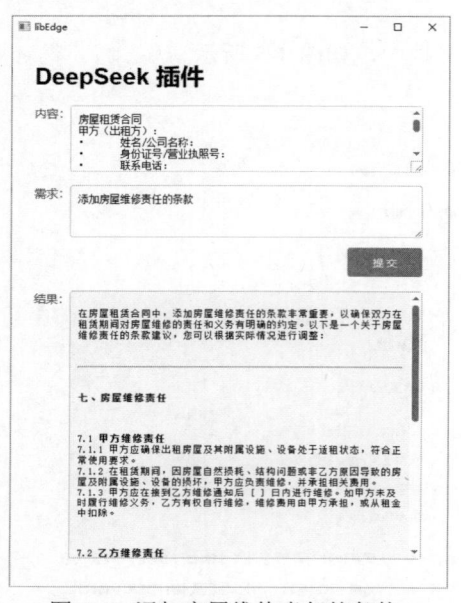

图 4-6 添加房屋维修责任的条款　　　　图 4-7 房屋维修责任的条款(部分内容)

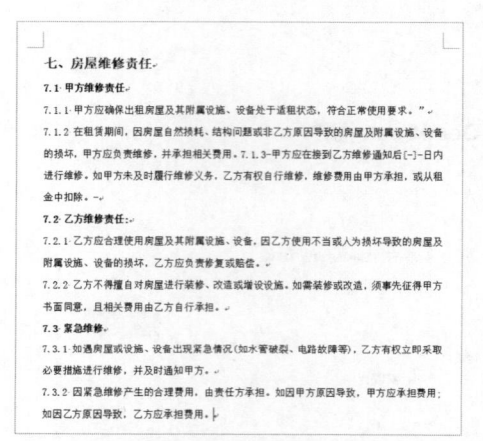

至此,就完成了在"房屋租赁法律合同模板"中添加房屋维修责任的条款的需求。

4.2.3 修改合同内容

在实际使用中,用户可能会遇到需要对已生成的合同进行修改的情况。无论是因为双方协商一致需要调整某些条款,还是因为法律法规发生变化导致部分内容不再适用,DeepSeek 都能提供便捷的修改服务。例如,修改房屋租赁合同中房屋使用要求的内容。

修改房屋租赁法律合同模板内容,具体实现流程如下:

步骤01 复制已生成的"房屋租赁法律合同模板"内容,打开"DeepSeek 插件"。

步骤02 将复制的内容粘贴到"DeepSeek 插件"的"内容"文本框中。

步骤03 在"需求"文本框中输入需求"修改房屋租赁合同中房屋使用要求的内容"。

步骤04 单击"提交"按钮,等待 DeepSeek 重新生成房屋使用要求的内容,返回结果如图 4-8 所示。

步骤05 将重新生成的房屋使用要求复制到"房屋租赁法律合同模板"中,如图 4-9 所示。

第 4 章　DeepSeek 助力 Word 智能文档创作新境界

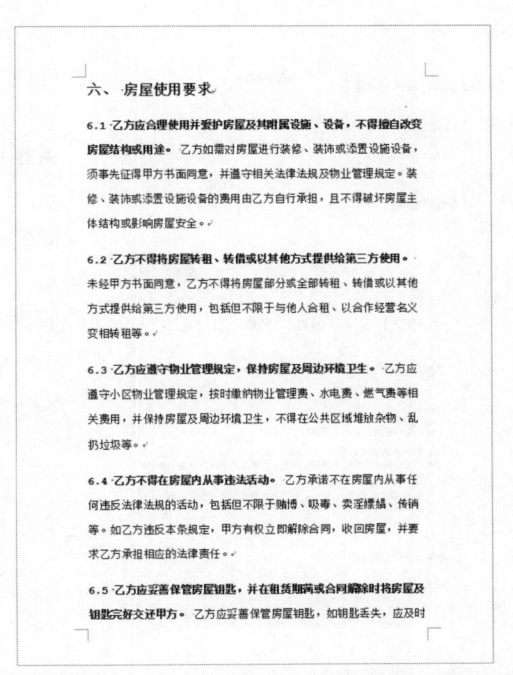

图 4-8　修改合同内容　　　　图 4-9　修改后的房屋使用要求内容（部分内容）

至此，就完成了在"房屋租赁法律合同模板"中修改房屋使用要求的需求。

4.3　实战案例：学术论文写作效率大幅提升

在学术研究领域，撰写高质量的论文是科研人员的核心任务之一，这也是一项耗时且具有挑战性的工作。DeepSeek 的出现，为这一过程带来了前所未有的变革，极大地提升了学术论文的写作效率。DeepSeek 通过深度学习算法的应用，能够智能化地辅助科研人员完成学术论文的撰写，从观点生成到资料搜集，再到论文结构的组织，每一步都变得更加高效和精准。

4.3.1　根据研究主题生成核心观点

传统的论文写作往往从零开始，作者需要花费大量时间思考和确定研究主题的核心观点。DeepSeek 能够通过分析海量的学术文献和数据，快速识别并提炼出研究主题的核心观点。这一过程不仅节省了科研人员的时间，还确保了论文观点的新颖性和准确性。例如，当科研人员输入一个关于"AI 智能在代码开发中的应用"的研究主题时，DeepSeek 能够迅速分析该领域的最新进展，并提出具有潜在研究价值的核心观点。

根据研究主题生成核心观点，具体实现流程如下：

步骤01 打开"DeepSeek 插件"，在"内容"文本框中输入内容"AI 智能在代码开发中的应用"。

步骤02 在"需求"文本框中输入需求"请根据研究主题生成核心观点"。

步骤03 单击"提交"按钮，等待 DeepSeek 生成研究主题的核心观点，返回结果如图 4-10 所示。

内容：

AI 智能在代码开发中的应用

需求：

请根据研究主题生成核心观点

生成的核心观点：

图 4-10　根据研究主题生成核心观点

DeepSeek： AI 智能在代码开发中的应用：核心观点

1. 提升开发效率与质量：

代码自动生成： AI 可以根据自然语言描述或设计图自动生成代码，减少重复性工作，提高开发效率。

代码补全与错误检测： AI 可以分析代码上下文，提供智能代码补全建议，并实时检测语法错误、逻辑错误和潜在漏洞，提升代码质量。

代码优化与重构： AI 可以分析代码性能瓶颈，提供优化建议，并自动进行代码重构，提高代码可读性和可维护性。

2. 降低开发门槛与成本：

低代码/无代码开发： AI 驱动的低代码/无代码平台允许非专业开发者通过可视化界面和拖曳操作构建应用程序，降低开发门槛。

自动化测试与部署： AI 可以自动生成测试用例，执行自动化测试，并完成代码部署，减少人工干预，降低开发成本。

3. 推动软件开发模式变革：

人机协作开发： AI 将成为开发者的得力助手，协助完成代码编写、测试、调试等任务，实现人机协作开发新模式。

持续学习与进化： AI 可以不断学习新的代码库和开发模式，持续改进自身能力，推动软件开发技术的不断进化。

4. 挑战与机遇并存：

技术成熟度： AI 在代码开发中的应用仍处于早期阶段，技术成熟度有待提高。

数据安全与隐私： AI 需要处理大量代码和数据，数据安全和隐私保护面临挑战。

伦理与责任： AI 生成的代码可能存在偏见或错误，需要明确责任归属和伦理规范。

总而言之，AI 智能在代码开发中的应用潜力巨大，将深刻影响软件开发流程、模式和生态。未来，AI 将成为软件开发不可或缺的工具，推动软件行业向更高效、更智能的方向发展。

4.3.2 根据核心观点生成论文大纲

有了明确的核心观点后,下一步就是构建论文的结构。DeepSeek 能够根据提炼出的核心观点自动生成论文的大纲,这一功能可以帮助科研人员以逻辑清晰、条理分明的方式组织论文内容,并确保每个部分都紧密围绕核心观点展开。

根据核心观点生成论文大纲和章节目录的,具体实现流程如下:

步骤01 复制生成的核心观点,打开"DeepSeek 插件"。
步骤02 将复制的内容粘贴在"DeepSeek 插件"的"内容"文本框中。
步骤03 在"需求"文本框中输入需求"请根据核心观点生成论文大纲"。
步骤04 单击"提交"按钮,等待 DeepSeek 生成论文大纲,返回结果如图 4-11 所示。
步骤05 将生成的论文大纲复制到 Word 文档中,如图 4-12 所示。

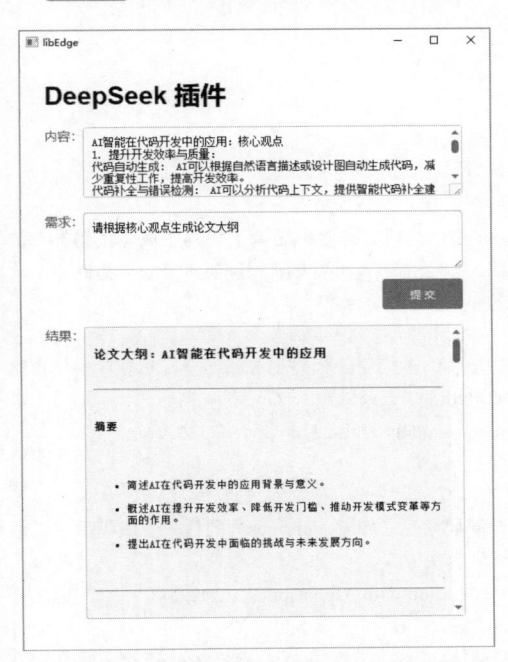

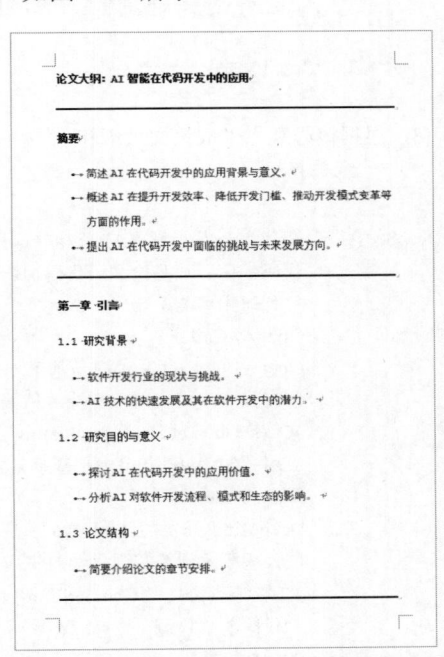

图 4-11 根据核心观点生成论文大纲和章节目录(一)   图 4-12 根据核心观点生成论文大纲和章节目录(二)

4.3.3 查询相关领域的最新研究成果

文献综述是学术论文中不可或缺的一部分,它需要作者对相关领域的最新研究成果有全面的了解。DeepSeek 在这方面提供了强有力的支持。它能够搜索并分析相关领域的最新研究成果,为作者提供丰富的文献资料和数据支持。无论是查找特定领域的经典文献,还是追踪最新的科研动态,DeepSeek 都能迅速给出结果。这不仅使作者能够站在巨人的肩膀上看得更远,还能确保论文的文献综述部分既全面又深入。

查询相关领域的最新研究成果的具体实现流程如下：

步骤01 打开"DeepSeek 插件"，在"需求"文本框中输入需求"AI 智能在代码开发领域的相关文献和最新研究成果"。

步骤02 单击"提交"按钮，等待 DeepSeek 返回结果，返回结果如图 4-13 所示。

需求：

> AI 智能在代码开发领域的相关文献和最新研究成果

AI 智能在代码开发领域的相关文献和最新研究成果：

图 4-13　根据核心观点生成论文大纲和章节目录（三）

> **DeepSeek：** 在代码开发领域，AI 智能的应用已经成为一个热门研究方向，涵盖了代码生成、代码补全、代码优化、缺陷检测、代码理解等多个方面。以下是一些相关文献和最新研究成果的概述：
> 1. 代码生成与补全
> OpenAI Codex
> OpenAI 的 Codex 模型是基于 GPT-3 的改进版本，专门用于代码生成和补全。它能够根据自然语言描述生成代码，支持多种编程语言（如 Python、JavaScript、Go 等）。
> 文献：Chen et al., "Evaluating Large Language Models Trained on Code," 2021.
> 应用：GitHub Copilot 是基于 Codex 的代码补全工具。
> AlphaCode
> DeepMind 开发的 AlphaCode 是一个专注于编程竞赛（如 Codeforces）的代码生成模型。它通过大规模预训练和强化学习生成高质量的代码解决方案。
> 文献：Li et al., "Competition-Level Code Generation with AlphaCode," 2022.
> 2. 代码缺陷检测
> DeepBugs
> DeepBugs 是一个基于深度学习的代码缺陷检测工具，能够识别常见的编程错误（如变量名错误、API 误用等）。
> 文献：Pradel et al., "DeepBugs: A Learning Approach to Name-Based Bug Detection," 2018.
> CodeXGLUE
> CodeXGLUE 是一个代码理解和生成任务的基准测试集，包含代码缺陷检测、代码克隆检测等任务。
> 文献：Lu et al., "CodeXGLUE: A Benchmark Dataset and Open Challenge for Code Intelligence," 2020.
> 3. 代码优化与重构
> AutoPilot
> AutoPilot 是一个基于强化学习的代码优化工具，能够自动优化代码性能（如减少运行时间、降低内存占用）。

> **DeepSeek：** 文献：Le et al.,"AutoPilot: Automating Performance Optimization of Software," 2021.
> Refactoring with AI
> 一些研究探索了使用 AI 进行代码重构，例如提取方法、重命名变量等。
> 文献：Mens et al.,"A Survey of Software Refactoring," 2020.
> 4. 代码理解与文档生成
> CodeBERT
> CodeBERT 是一个基于 Transformer 的预训练模型，专门用于代码理解和生成任务。它能够理解代码语义并生成相关文档。
> 文献：Feng et al.,"CodeBERT: A Pre-Trained Model for Programming and Natural Language," 2020.
> Docstring Generation
> 一些研究专注于使用 AI 生成代码的文档（如函数注释、类描述）。
> 文献：Allamanis et al.,"Learning to Represent Programs with Graphs," 2018.
> 5. 代码克隆检测
> DeepSim
> DeepSim 是一个基于深度学习的代码克隆检测工具，能够识别语义相似的代码片段。
> 文献：White et al.,"Deep Learning Code Fragments for Code Clone Detection," 2016.
> FA-AST
> FA-AST 是一种基于抽象语法树（AST）的代码克隆检测方法，结合了深度学习与传统方法。
> 文献：Zhang et al.,"FA-AST: A Fast and Accurate Approach to Code Clone Detection," 2021.
> 6. 最新研究方向
> 多模态代码理解
> 结合代码、自然语言和图像等多模态数据进行代码理解。
> 文献：Gu et al.,"Multimodal Code Understanding with Vision-Language Models," 2023.
> 低代码 / 无代码开发
> AI 驱动的低代码 / 无代码平台（如 Microsoft Power Apps、OutSystems）正在快速发展，目标是降低开发门槛。
> 文献：Sheng et al.,"AI-Powered Low-Code Development: Challenges and Opportunities," 2023.
> 代码生成的可解释性
> 研究如何提高 AI 生成代码的可解释性，帮助开发者理解和信任生成的代码。
> 文献：Wang et al.,"Explainable AI for Code Generation: A Survey," 2023.
> 7. 未来趋势
> AI 驱动的全栈开发
> AI 不仅限于代码生成，还可能扩展到需求分析、架构设计、测试等全流程。
> 代码生成的法律与伦理问题
> 随着 AI 生成代码的普及，知识产权、代码安全等问题成为研究热点。
> 个性化代码生成
> 根据开发者的编程风格和偏好生成定制化代码。
> 如果需要更详细的文献或具体的研究论文，可以进一步提供相关领域的细分方向或关键词！

4.4 实战案例：多语言合同快速翻译与精准校对实战

在全球化背景下，跨国交易日益频繁，这就不可避免地涉及不同语言间的文档转换问题，DeepSeek 在这一领域同样表现出色。当遇到需要翻译成外文的合同时，用户仅需选中要翻译的内容，选择目标语言，即可获得流畅自然的译文。

除了基本的翻译功能外，DeepSeek 还提供了详细的校对服务。通过对目标语言的再次检查，系统会标出可能存在歧义或不准确的地方供用户参考修改。这样一来，即使是非母语者也能放心地签署国际合同，不必担心因语言障碍而产生误解。

4.4.1 多语合同即时翻译，一键畅通全球商务

在全球化浪潮中，跨国合作日益紧密，而语言差异成为沟通的一大障碍。想象一下，一份紧急的国际合同等待签署，却因语言隔阂而拖延。DeepSeek 的多语言合同快速翻译功能，正是解决这一难题的钥匙。只需轻点几下，无论是冗长的法律条款还是细腻的商业细节，都能瞬间跨越语言鸿沟，转化为流畅自然的外文版本。这不仅加速了决策过程，更为企业抢占国际市场先机提供了有力支持。

多语言合同即时翻译的具体实现流程如下：

步骤01 复制需要翻译的内容，打开"DeepSeek 插件"。

步骤02 将复制的内容粘贴在"DeepSeek 插件"的"内容"文本框中。

步骤03 在"需求"文本框中输入需求"请翻译这段文字为中文"。

步骤04 单击"提交"按钮，等待 DeepSeek 返回结果，返回结果如图 4-14 所示。

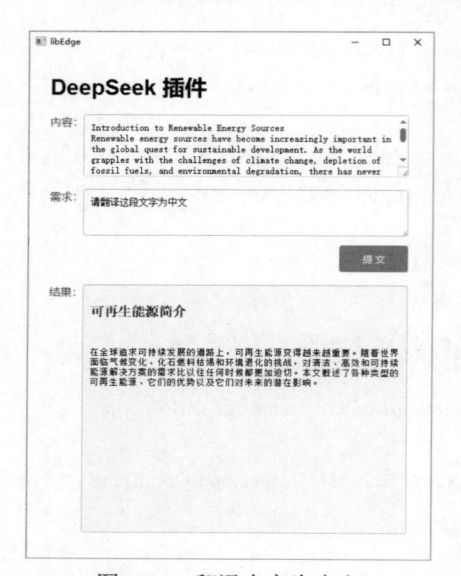

图 4-14 翻译内容为中文

内容：

```
Introduction to Renewable Energy Sources
    Renewable energy sources have become increasingly important in the global
quest for sustainable development. As the world grapples with the challenges of
climate change, depletion of fossil fuels, and environmental degradation, there has
never been a greater need for clean, efficient, and sustainable energy solutions.
This document provides an overview of the various types of renewable energy
sources, their benefits, and their potential impact on the future.
```

第 4 章 DeepSeek 助力 Word 智能文档创作新境界

需求：

请翻译这段文字为中文

翻译后的内容：

DeepSeek：可再生能源简介
在全球追求可持续发展的道路上，可再生能源变得越来越重要。随着世界面临气候变化、化石燃料枯竭和环境退化的挑战，对清洁、高效和可持续能源解决方案的需求比以往任何时候都更加迫切。本文概述了各种类型的可再生能源、它们的优势以及它们对未来的潜在影响。

4.4.2 精准校对，无忧签署国际合约

翻译的准确性是合同有效性的基石。DeepSeek 深知这一点，因此，在提供快速翻译的同时，还配备了详尽的校对服务。通过先进的语言处理技术，系统能够深入分析目标语言的语境、语法乃至文化差异，精准标出任何可能引发误解或歧义的表述。这意味着，即便是非母语使用者，也能在 DeepSeek 的辅助下，自信满满地审阅并签署每一份国际合同，彻底告别因语言不通而导致的潜在风险。从初稿到终版，每一步都经过严格把关，确保国际业务交流既高效又无误。

翻译后的精准校对的具体实现流程如下：

步骤01 复制需要校对的中英文内容，打开"DeepSeek 插件"。

步骤02 将复制的内容粘贴在"DeepSeek 插件"的"内容"文本框中。

步骤03 在"需求"文本框中输入需求"请校对中英文的含义是否一致"。

步骤04 单击"提交"按钮，等待 DeepSeek 返回结果，返回的结果如图 4-15 所示。

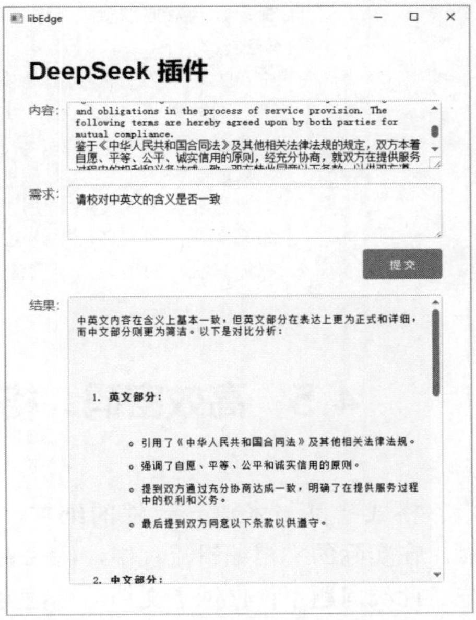

图 4-15 校对中英文的含义是否一致

内容：

In view of the provisions of the "Contract Law of the People's Republic of China" and other relevant laws and regulations, and based on the principles of voluntariness, equality, fairness, and good faith, both parties have reached an agreement through full consultation to clarify their rights and obligations in the process of service provision. The following terms are hereby agreed upon by both parties for mutual compliance.

鉴于《中华人民共和国民法典》及其他相关法律法规的规定，双方本着自愿、平等、公平、诚实信用的原则，经充分协商，就双方在提供服务过程中的权利和义务达成一致。双方特此同意以下条款，以供双方遵守。

需求：

请校对中英文的含义是否一致

结果：

> **DeepSeek** 中英文内容在含义上基本一致，但英文部分在表述上更为正式和详细，而中文部分则更为简洁。以下是对比分析：
> 英文部分：
> 引用了《中华人民共和国民法典》及其他相关法律法规。
> 强调了自愿、平等、公平和诚实信用的原则。
> 提到双方通过充分协商达成一致，明确了在提供服务过程中的权利和义务。
> 最后提到双方同意以下条款以供遵守。
> 中文部分：
> 同样引用了《中华人民共和国民法典》及其他相关法律法规。
> 强调了自愿、平等、公平和诚实信用的原则。
> 提到双方通过充分协商达成一致，明确了在提供服务过程中的权利和义务。
> 最后提到双方同意以下条款以供遵守。
> 一致性分析：
> 中英文内容在核心意思上是一致的，都强调了双方在自愿、平等、公平和诚实信用的原则下，通过协商达成一致，明确了权利和义务，并同意遵守相关条款。
> 英文部分在表述上更为正式和详细，而中文部分则更为简洁。
> 建议：
> 如果需要在正式文件中使用，建议保持英文部分的详细和正式表达。
> 如果需要在中文环境中使用，建议保持中文部分的简洁表达。
> 总体来说，中英文内容在含义上是一致的，可以根据具体使用场景选择合适的表述方式。

4.5 高效密码：格式错乱与术语一致性保障策略

格式错乱与术语一致性的维护，是 DeepSeek 与 Word 融合进程中亟待解决的关键议题。在实际的文档编辑流程中，格式紊乱与术语不一的困境，如同顽疾般持续困扰着众多用户。此类问题不仅侵蚀了文档的视觉美感，还在深层次上威胁着信息传递的精确度，乃至削弱了文档应有的专业风范。

4.5.1 格式错乱：问题诊断与解决方案

格式错乱是 Word 文档编辑中常见的问题之一，它可能源于多种原因，如模板设置不当、样式应用错误、文本复制粘贴等。格式错乱会导致标题、列表、字体、段落间距等方面的不一致，使得文档整体显得杂乱无章。为了有效解决这一问题，下面为大家提供了以下两种解决方案：

1. 使用样式和格式刷

Word 中的样式是预先定义好的一组字符和段落格式。通过应用样式，可以确保文档中相似元素的格式一致性。例如，对于标题、正文、引用等部分，可以分别定义并应用相应的样式。此外，格式刷也是一个快速统一格式的工具。选中已经正确设置格式的文本，然后单击格式刷按钮，再将其应用到需要调整格式的文本上，即可实现格式的统一，如图4-16所示。

图 4-16　格式刷

2. 利用"清除格式"功能

当从其他文档或网页复制并粘贴内容到 Word 中时，可能会带入原有的格式，造成格式错乱。此时，可以使用"清除格式"功能去除这些不必要的格式。选中要清除格式的文本，单击"开始"选项卡中的"清除所有格式"按钮，如图4-17所示，即可将文本恢复到 Word 默认的格式。

图 4-17　清除所有样式

4.5.2　术语一致性保障策略

在撰写专业文档或学术论文时，确保术语的一致性至关重要，因为它是维系读者理解、提升内容可信度与专业性的关键纽带。设想一下，同一概念在不同的段落中以多变的面貌出现，这不仅让读者感到困惑，仿佛在迷雾中摸索，更可能在不经意间削弱了文章的权威性与流畅性。

1. 建立术语库

术语表是维护术语一致性的基础工具。用户可以在文档开头或附录中创建一个术语表，列出所有关键术语及其定义、缩写、同义词等信息。在写作过程中，每当遇到需要使用的术语时，都要参考术语表以确保其准确性和一致性。此外，还可以使用 Word 的"书签"或"超链接"功能，将术语表中的条目与文档中的相应位置关联起来，方便快速查找和修改。

2. 人工校对与修正

生成内容后，使用 Word 的"查找和替换"功能检查术语使用情况，对不一致的术语进行统一替换。

3. 借助术语管理工具

使用专业的术语管理工具（如 SDL MultiTerm、MemoQ 等）对生成内容进行术语一致性检查。将术语库与 Word 集成，实时提示术语使用情况。

第 5 章
DeepSeek打造PPT智能演示新高度

本章概述

在信息爆炸的时代，高效、精准地传递信息变得尤为重要。PPT作为职场沟通的利器，其制作效率和呈现效果直接影响着信息传递的效率和效果。然而，传统的PPT制作过程往往耗时费力，内容编排、视觉设计等环节更是让人头疼不已。DeepSeek的出现，为PPT制作带来了革命性的变革。DeepSeek凭借强大的AI技术，将智能化和自动化融入PPT制作的各个环节，助力用户轻松打造专业级演示文稿。

本章将深入探索DeepSeek如何打造PPT智能演示新高度。

（1）揭秘DeepSeek在PPT制作中的独特优势，了解其如何通过AI技术简化流程、提升效率。

（2）掌握从结构到文本的PPT内容快速生成秘籍，学习如何利用DeepSeek快速构建逻辑清晰、内容精炼的演示文稿。

（3）探索DeepSeek与Kimi的强强联合，体验如何实现PPT的极速生成，将创意瞬间转化为精彩演示。

（4）了解DeepSeek如何助力WPS实现PPT的一站式制作，体验无缝衔接的办公新体验。

（5）通过实战案例精选，学习如何将DeepSeek应用于实际场景，打造令人印象深刻的演示文稿。

（6）解决内容冗余与视觉风格统一等常见问题，掌握打造简洁、专业PPT的实用策略。

让我们一起开启PPT智能演示的新时代，用DeepSeek释放创造力，轻松打造令人惊叹的演示文稿。

知识导读

本章要点（已掌握的在方框中打钩）

☐ DeepSeek在PPT制作中的独特优势解析。
☐ 从结构到文本：PPT内容快速生成秘籍。
☐ DeepSeek + Kimi：实现PPT的快速生成。
☐ DeepSeek助力WPS实现PPT的一站式制作。

☐ 实战案例精选。
☐ 高效密码：内容冗余与视觉风格统一策略。

5.1 DeepSeek 在 PPT 制作中的独特优势解析

在数字化时代，高效、智能的工具已成为提升工作效率的关键。DeepSeek 作为一款先进的人工智能工具，在 PPT 制作领域展现出显著优势，为用户带来前所未有的便捷体验。其独特优势主要体现在以下两个方面。

1. 高效的内容生成与优化

自动生成大纲：DeepSeek 能够根据用户输入的主题或关键词迅速生成逻辑清晰、结构合理的 PPT 内容框架。这大大节省了用户构思大纲的时间，使 PPT 的制作过程更加高效。

文本优化：DeepSeek 还能对用户输入的文本进行润色，使其更加简洁、专业。这有助于提升 PPT 的整体质量，使其更加符合正式场合的展示需求。

多语言支持：对于需要制作多语言版本 PPT 的用户来说，DeepSeek 的多语言文本生成和翻译功能无疑是一个巨大的福音。它能够帮助用户快速完成文本的翻译和适配工作，极大地提高了工作效率。

2. 无缝对接其他 PPT 制作工具

DeepSeek 虽不能直接生成 PPT 文件，但可与多种 PPT 制作工具无缝对接。例如，用户可将 DeepSeek 生成的大纲和内容模块导入 Kim、Mindshow 等在线 PPT 制作工具，利用其一键生成功能快速制作完整 PPT。这种无缝对接方式不仅可以提高工作效率，还使 PPT 制作过程更加灵活便捷。

5.2 从结构到文本：PPT 内容快速生成秘籍

要打造一份高品质的 PPT 演示文稿，仅凭吸引人的外观设计是远远不够的，内容的清晰度和条理性同样至关重要。DeepSeek 正是为此而生，它为用户开辟了一条高效路径，以便迅速构建 PPT 的核心内容。从宏观的整体架构到微观的具体文字表述，DeepSeek 都能助用户一臂之力，让内容创作变得轻松自如。

5.2.1 一键生成 PPT 大纲

在构建 PPT 结构方面，DeepSeek 可以根据用户提供的主题和核心观点自动生成一个合理的框架。这个框架会明确列出各个部分的主题和顺序，如封面、目录、正文内容、总结与

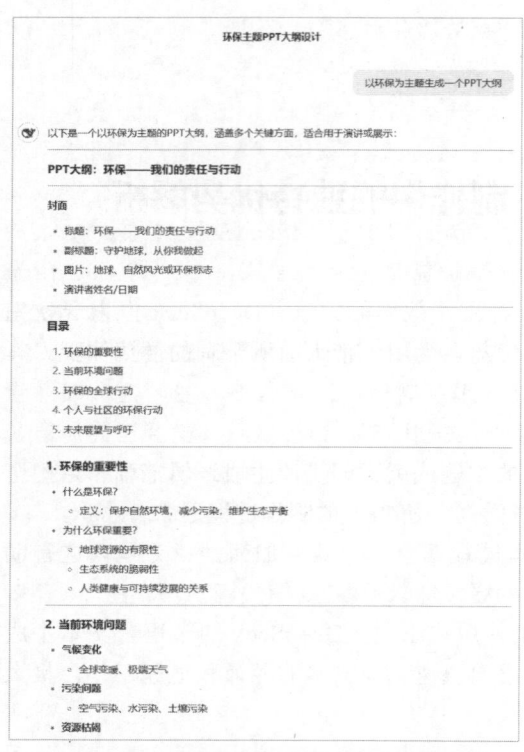

图 5-1　生成 PPT 大纲（部分内容）

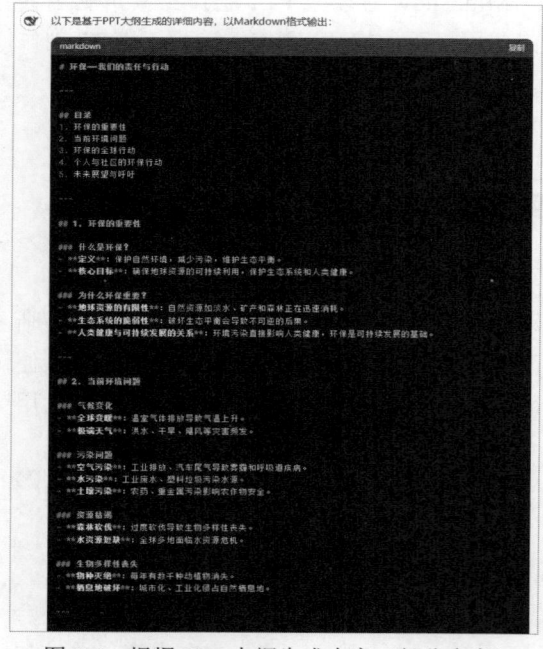

图 5-2　根据 PPT 大纲生成内容（部分内容）

展望等。用户只需按照这个框架进行填充和完善即可，避免了在构思结构上花费过多的时间和精力。

下面将通过制作一个以环保为主题的 PPT，讲解如何使用 DeepSeek 来快速生成 PPT 大纲，具体实现步骤如下：

步骤01 在 DeepSeek 聊天框中输入内容"以环保为主题生成一个 PPT 大纲"。

步骤02 单击"发送"按钮，等待 DeepSeek 返回结果，结果如图 5-1 所示。

步骤03 若需要修改大纲内容，可以将生成的 PPT 大纲内容复制到 Word 文档中，根据自己的需求进行修改。

5.2.2　根据大纲生成内容

对于文本内容的生成，DeepSeek 更是表现出色。DeepSeek 能够根据给定的主题和关键词，自动撰写出详细、准确的文本内容。这些内容包括对相关概念的解释、数据分析、案例说明等，能够很好地支持 PPT 的主题和观点。而且，DeepSeek 还可以根据不同的受众对象和使用场景，调整文本的语气和风格，使其更具针对性和亲和力。

步骤01 在 DeepSeek 聊天框中输入内容"根据 PPT 大纲生成 PPT 内容，结果以 Markdown 的形式输出"。若修改了 DeepSeek 生成的大纲内容，在进行提问时，需要将修改过后的大纲内容一块发送。

步骤02 等待 DeepSeek 返回结果，结果如图 5-2 所示。

说明：Markdown 是一种轻量级标记语言，用于格式化文本。它使用易读、易写的纯文本格式，通过简单的符号（如 #、*、- 等）来标记标题、列表、链接、图片等元素。Markdown 文件通常以 .md 或 .markdown 为扩展名。

5.3　DeepSeek + Kimi：实现 PPT 的快速生成

5.2 节详细介绍了如何利用 DeepSeek 生成 PPT 的大纲和内容。虽然 DeepSeek 目前无法直接根据内容一键生成 PPT，但结合 Kimi 工具，可以快速将内容转换为 PPT。本节将讲解如何通过 DeepSeek 与 Kimi 的协同使用，高效制作 PPT。

5.3.1　Kimi 是什么，如何使用

Kimi 是一款智能工具，能够帮助用户快速、高效地生成 PPT。Kimi 提供了便捷的一键生成 PPT 功能。用户只需输入 PPT 的主题或上传相关内容，Kimi 便能自动生成条理清晰的 PPT 大纲。随后，用户可以选择心仪的模板，单击"生成 PPT"按钮，短短几分钟就能获得一份专业级别的 PPT。

为了更好地利用 Kimi 提升工作效率，下面详细介绍其使用方法。

步骤01　通过网址或百度搜索访问 Kimi 官网，如图 5-3 所示。

图 5-3　Kimi 官网

说明：Kimi 的官网网址为 https://kimi.moonshot.cn/。

步骤02　单击网站左侧的"登录"按钮，然后通过手机号或微信进行登录，如图 5-4 所示。

图 5-4　Kimi 登录

步骤03　单击网站左侧的"PPT 助手"按钮，即可进行 PPT 的制作，如图 5-5 所示。

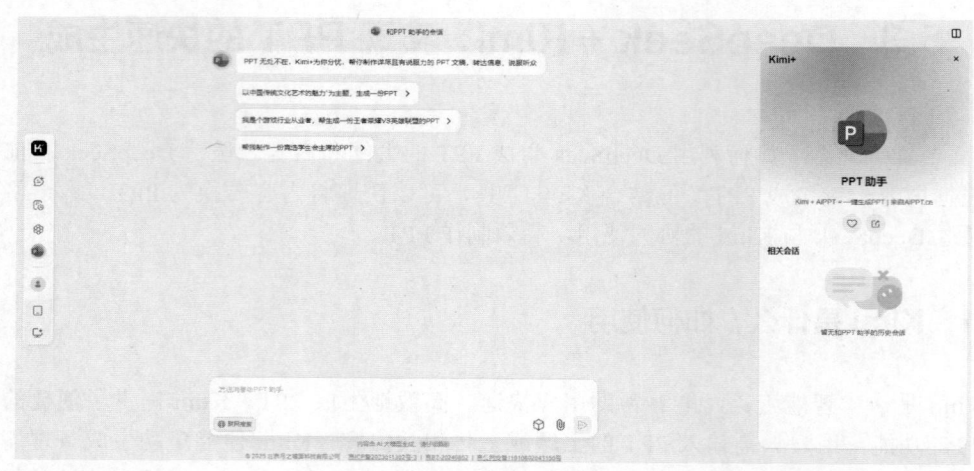

图 5-5　PPT 助手

说明：目前 Kimi 也支持 PPT 大纲和内容的一键生成。

5.3.2　使用 Kimi 快速制作 PPT

Kimi 提供了超过 10W 种的模板供用户选择，这些模板可以根据使用场景、设计风格及主题颜色进行筛选，并支持多条件同时筛选。这为用户提供了极大的灵活性和创意可能性。在生成 PPT 后，Kimi 还提供在线编辑功能，允许用户对 PPT 进行进一步的修改和完善。用户可以在界面中修改大纲、替换模板、插入元素等。

5.2 节使用 DeepSeek 生成了 PPT 的大纲和内容，接下来将详细介绍如何通过 Kimi 将这些内容转换为完整的 PPT 文档。

步骤01　复制 DeepSeek 生成的 Markdown 格式的 PPT 内容。

步骤02　将内容发送给 Kimi 的 PPT 助手。

步骤03　等待 PPT 助手整理 PPT 的数据结构，结果如图 5-6 所示。

步骤04　单击"一键生成 PPT"按钮，然后在模板弹框中根据自己的需求选择 PPT 模板，如图 5-7 所示。

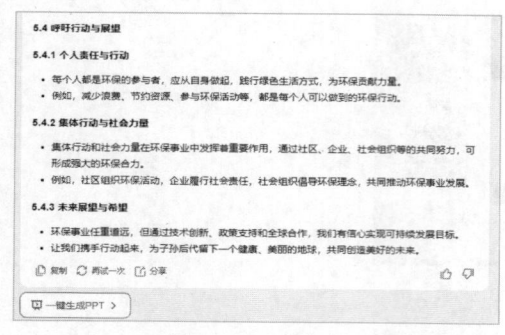

图 5-6　PPT 内容　　　　图 5-7　PPT 模板

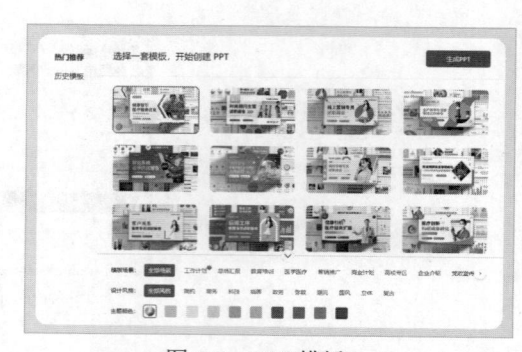

步骤05 选择好 PPT 模板后单击"生成 PPT"按钮，等待 PPT 生成，如图 5-8 所示。

图 5-8　PPT 生成

步骤06 AI 功能虽然很强大，但目前依然不能做到尽善尽美，在 PPT 生成后，可以单击"去编辑"按钮，根据自己的需求修改 PPT 文档，如图 5-9 所示。

图 5-9　PPT 编辑

提示：若觉得选择的模板不满意，还可以通过单击页面左侧的"模板替换"按钮来更换模板。

步骤07 以 PPT 的第一页为例，可以根据自己的需求修改主讲人的名字和制作日期，修改后的 PPT 内容如图 5-10 所示。

步骤08 修改完成后单击"下载"按钮，进行 PPT 的下载，目前下载的文件类型有 3 种，分别是 PPT、图片和 PDF 文件，如图 5-11 所示。

图 5-10　修改后的 PPT 内容

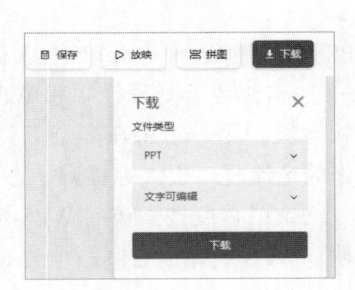

图 5-11　PPT 下载

步骤09 至此，一份以环保为主题的 PPT 就制作完成了。当需要再次查看 PPT 时，可以通过 Office 来打开 PPT 文档，如图 5-12 所示。

图 5-12　最终保存的 PPT 文档

5.4　DeepSeek 助力 WPS 实现 PPT 的一站式制作

DeepSeek 与 WPS 办公软件实现深度融合，为用户带来了极致的 PPT 制作新体验。用户无须在多个工具间频繁切换，即可在 WPS 中一站式完成从内容创作到 PPT 制作的全流程，大幅提升办公效率。DeepSeek 作为一款强大的人工智能工具，凭借其自然语言处理技术，能助力用户快速应对各种复杂的文字任务。WPS 以卓越的文档处理能力，在各类办公场景中广受欢迎。在 DeepSeek 与 WPS 实现无缝对接后，用户可直接在 WPS 中调用 DeepSeek 的功能，轻松打造专业 PPT。

5.4.1　WPS 灵犀是什么，如何使用

WPS 灵犀是 WPS 办公软件与 DeepSeek 人工智能工具深度融合后的产物。它通过将 DeepSeek 的自然语言处理技术和 WPS 的文档处理能力相结合，为用户提供了一站式的 PPT 制作解决方案。用户不用在多个工具之间频繁切换，只需在 WPS 中即可完成从内容创作到 PPT 制作的全流程，极大地提升了办公效率和用户体验。

通过网址或百度搜索访问 WPS 灵犀官网，如图 5-13 所示。

说明：WPS 灵犀的官网网址为 https://lingxi.wps.cn/。

图 5-13　WPS 灵犀官网

提示：目前 WPS 灵犀的使用方式有两种，一种是在网站中直接使用，另一种是通过 WPS 办公软件使用。

5.4.2　WPS 灵犀一键生成 PPT 大纲

WPS 灵犀凭借其深度融合 DeepSeek 的人工智能技术，为用户提供了前所未有的 PPT 大纲和内容生成体验。用户只需在 WPS 中输入相关的主题或关键词，DeepSeek 的自然语言处理技术便会立即启动，智能分析用户的需求，并快速生成一份结构清晰、内容丰富的 PPT 大纲。这份大纲不仅涵盖用户所需的所有关键点，还根据内容的逻辑性和重要性进行了合理的排序，确保 PPT 的呈现既专业又易于理解。

整个过程无须用户手动搜索和整理资料，大大节省了时间和精力，让用户能够更专注于 PPT 的设计和呈现效果，而非内容的搜集和整理。

下面通过制作一个以爱护水资源为主题的 PPT，来讲解如何使用 WPS 灵犀来快速生成 PPT 大纲和内容，具体实现步骤如下：

步骤01　通过网址或百度搜索访问 WPS 灵犀官网。

步骤02　单击页面左侧的 AI PPT 按钮，进入制作 PPT 的页面，如图 5-14 所示。

图 5-14　WPS 灵犀 PPT 制作

步骤03 在文本框中输入内容"以爱护水资源为主题生成一个PPT大纲"。

步骤04 等待WPS灵犀返回结果,结果如图5-15所示。

步骤05 在PPT大纲生成完整后,WPS灵犀将提供一些PPT模板和修改建议供用户选择,如图5-16所示。

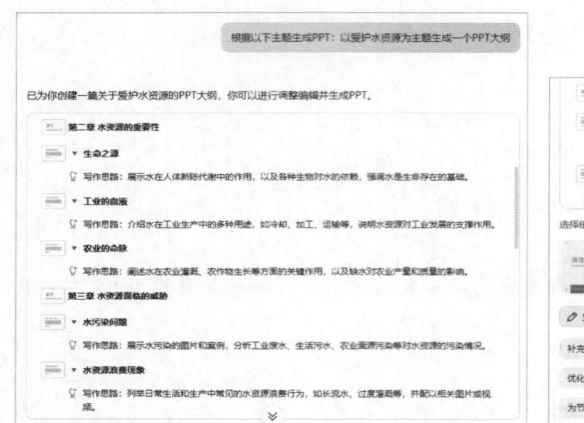

图 5-15 生成的 PPT 大纲　　　　　　　图 5-16 PPT 模板和修改建议

步骤06 若此时采取WPS灵犀给的"补充水资源保护成功案例",只需单击"补充水资源保护成功案例"按钮即可,此时WPS灵犀将会重新生成一份PPT大纲,如图5-17所示。

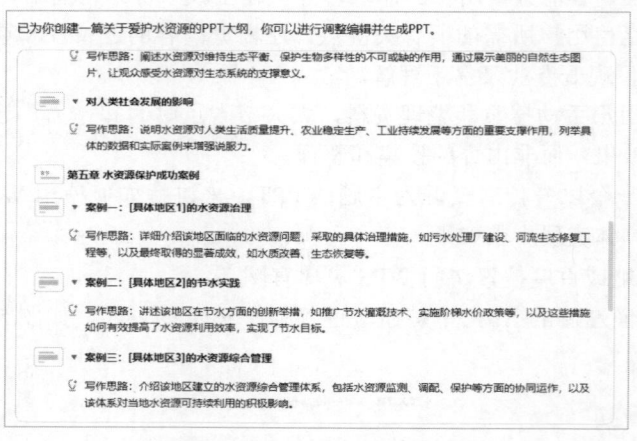

图 5-17 重新生成的 PPT 大纲

5.4.3　选择模板制作 PPT

在完成了PPT大纲和内容的生成后,WPS灵犀还为用户提供了丰富的PPT模板选择,以进一步提升PPT的专业性和美观度。用户可以根据自己的需求和喜好,在WPS灵犀的模板库中选择合适的PPT模板。这些模板涵盖各种风格和场景,无论是商务汇报、学术演讲还是项目展示，都能找到与之匹配的模板。

选择好模板后，即可快速完成 PPT 的制作。WPS 灵犀的模板设计不仅美观大方，还充分考虑了 PPT 的易读性和视觉效果，确保用户在呈现时能够给观众留下深刻的印象。

下面详细介绍如何通过 WPS 灵犀选择 PPT 模板并制作 PPT。

步骤01 选中模板后单击"生成 PPT"按钮，如图 5-18 所示。

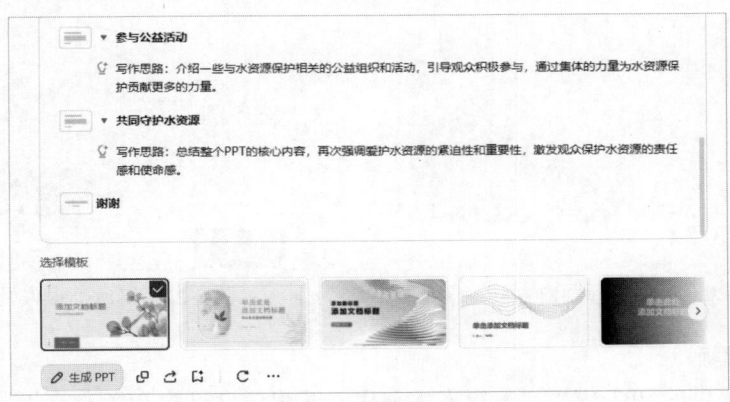

图 5-18　选择 PPT 模板

步骤02 等待 WPS 灵犀生成 PPT，结果如图 5-19 所示。

图 5-19　PPT 生成

5.4.4　个性化 PPT 的制作与实现

DeepSeek 生成的内容虽无法做到尽善尽美，但在 PPT 生成后，用户可根据自身需求灵活调整内容和模板样式。此外，WPS 灵犀还支持用户上传自己的模板和对原有模板进行深度自定义，如调整颜色、字体、布局等，充分满足个性化需求。这种高度的灵活性和可定制性，使 WPS 灵犀成为一款真正适用于各类办公场景的 PPT 制作工具。

1. 修改 PPT 内容

DeepSeek 生成的内容有些是不完整的，那么此时就需要我们手动去修改这些内容，以

PPT 的第一页为例，需要添加副标题和修改汇报人的姓名，具体实现步骤如下：

步骤01 单击"单击此处添加副标题内容"，然后在文本框中输入副标题内容"水，生命之源"，如图 5-20 所示。

步骤02 单击"汇报人：WPS"，然后在文本框中修改汇报人姓名为"叶璃"，如图 5-21 所示。

图 5-20　添加副标题内容　　　　　　　图 5-21　修改汇报人姓名

2. 自定义模板

WPS 灵犀提供的 PPT 模板已有很多人使用，若想使自己的 PPT 与众不同，可以根据自己的需求自定义 PPT 模板，具体实现步骤如下：

步骤01 单击"格式"按钮，展示当前幻灯片的版式，如图 5-22 所示。

步骤02 将鼠标悬浮在版式上，然后单击"新建"按钮，如图 5-23 所示。

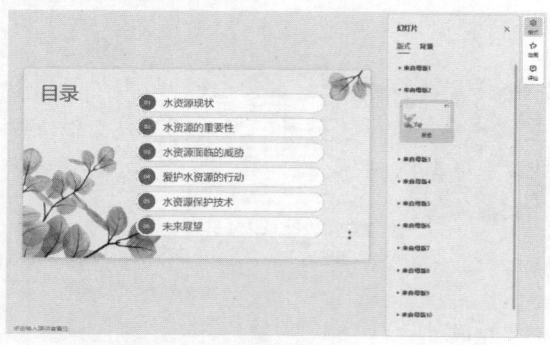

图 5-22　自定义模板（一）　　　　　　　图 5-23　自定义模板（二）

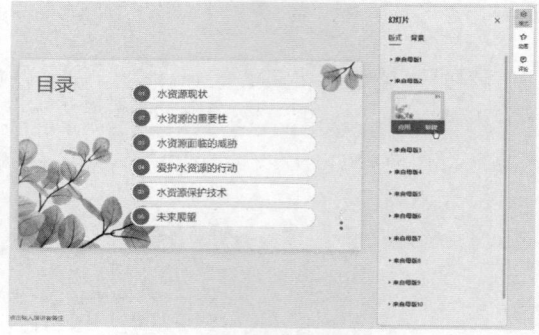

步骤03 单击"新建"按钮后将会新建一个版式，此时就可以根据自己的需求编辑这个版式了，如图 5-24 所示。

步骤04 选择"背景"选项卡，根据自己的需求设置 PPT 的背景，如图 5-25 所示。

3. 模板的切换与导入

在 PPT 生成完成后可以通过模板"选项卡"来更换模板，若感觉 WPS 灵犀提供的 PPT 模板不够个性化，还可以导入自己的 PPT 模板，具体实现步骤如下：

步骤01 选择"模板"选项卡，展示可选择的模板列表，如图 5-26 所示。

第 5 章　DeepSeek 打造 PPT 智能演示新高度

图 5-24　自定义模板（三）　　　　　图 5-25　自定义模板（四）

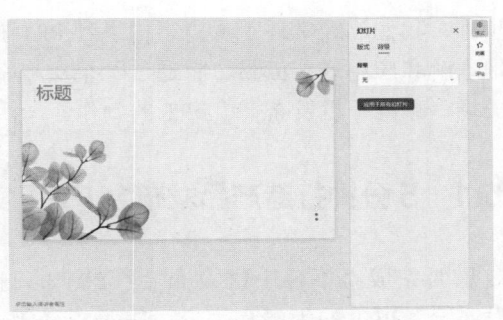

步骤02 单击想要切换的模板，然后在模板详情页中单击"应用模板"按钮，应用此模板，如图 5-27 所示。

步骤03 单击"上传模板"按钮，上传自己的 PPT 模板，如图 5-28 所示。

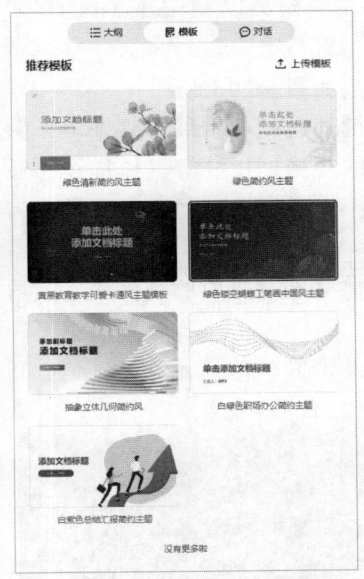

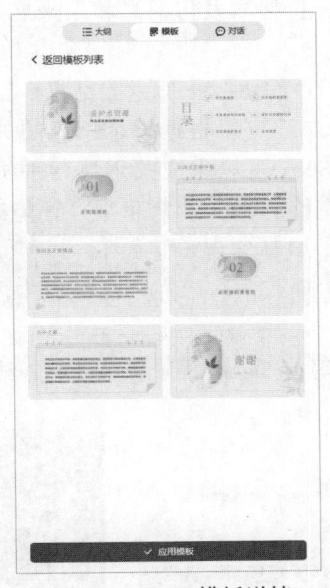

图 5-26　PPT 模板列表　　　图 5-27　PPT 模板详情　　　图 5-28　PPT 模板上传

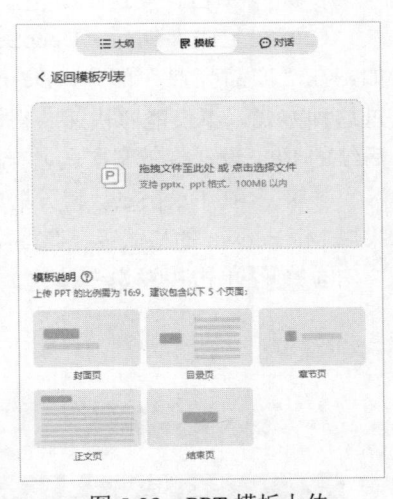

说明：PPT 的模板需要我们自己去整理，建议上传 PPT 的比例为 16:9，且包含封面页、目录页、章节页、正文页和结束页 5 个页面。

5.5　实战案例精选

在前面的 4 小节中，分别详细讲解了如何利用 DeepSeek 这一强大的 AI 工具生成 PPT 大纲和内容，以及如何通过 Kimi 和 WPS 灵犀将生成的内容快速制作成精美的 PPT。通过这些步骤，我们已经掌握了从内容构思到 PPT 初步成形的完整流程。接下来，为了帮助大家更好地理解和应用这些工具，将通过一个实战案例来演示如何结合 DeepSeek 和 Mindshow，完成一场"草莓手机发布会"PPT 的制作。

5.5.1　5 分钟打造产品发布会 PPT 实战

想要完成"草莓手机发布会"PPT 的制作，首先需要通过 DeepSeek 来生成"草莓手机发布会"PPT 的大纲和内容，DeepSeek 作为一款基于人工智能的创作工具，能够快速梳理发布会的核心逻辑和内容框架。可以通过输入关键词，如"草莓手机发布会""产品亮点""技术突破""用户体验"等，让 DeepSeek 自动生成一份结构清晰的大纲和内容。

（1）通过关键词生成 PPT 的大纲和内容，具体实现步骤如下：

步骤01 在 DeepSeek 聊天框中输入内容"制作一个草莓手机发布会的 PPT，主要内容为产品亮点、技术突破、用户体验、价格与发售信息和未来展望等。结果以 Markdown 的格式返回"。

步骤02 单击"发送"按钮，等待 DeepSeek 返回结果，结果如图 5-29 所示。

（2）在生成大纲后，DeepSeek 还可以根据每个部分的关键词进一步扩展内容细节。例如，在"产品亮点"部分，DeepSeek 可以生成关于草莓手机的音箱、指纹等具体描述。通过这种方式，不仅能够快速获得完整的 PPT 内容框架，还能确保内容的专业性和逻辑性，为后续的 PPT 设计打下坚实的基础，具体实现步骤如下：

步骤01 在 DeepSeek 聊天框中输入内容"在产品亮点中添加音箱、指纹的具体描述。结果以 Markdown 的格式返回"。

步骤02 单击"发送"按钮，等待 DeepSeek 返回结果，结果如图 5-30 所示。

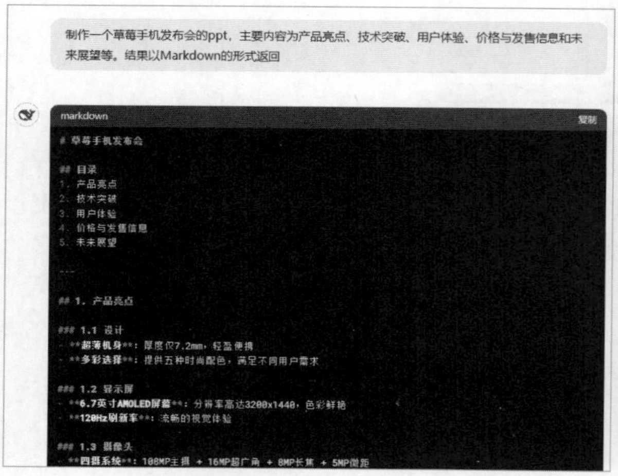

图 5-29　PPT 内容

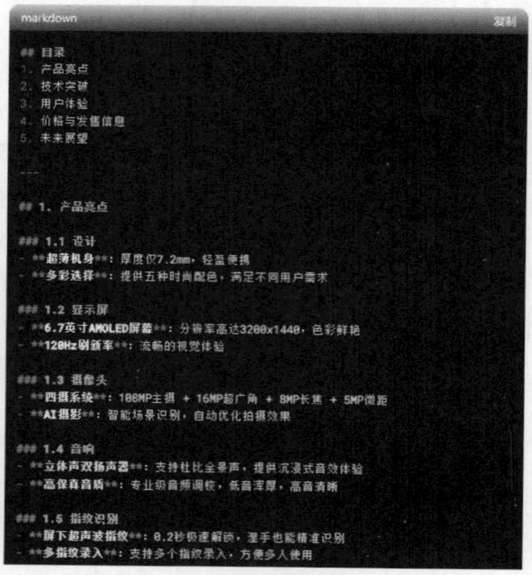

图 5-30　重新生成的 PPT 内容

第 5 章　DeepSeek 打造 PPT 智能演示新高度

至此,"草莓手机发布会"的 PPT 内容生成完成,若生成的内容不符合预期,可以选择重新生成,或在生成内容的基础上进行编辑修改。

5.5.2　DeepSeek + Mindshow:年终总结 PPT 新玩法揭秘

Mindshow 是一款功能强大且易用的思维可视化工具,能够帮助用户将复杂的思维过程和信息结构化展示出来。Mindshow 的核心优势在于其直观的操作界面和强大的功能模块,无论是制作 PPT、思维导图、流程图还是概念图,都可以轻松应对。此外,Mindshow 还支持团队协作,让多人可以实时共同编辑同一个项目,极大地提高了工作效率。

下面将详细讲解如何通过使用 Mindshow 将 DeepSeek 生成的内容制作为 PPT,具体实现步骤如下:

步骤01 通过网址或百度搜索访问 Mindshow 官网,如图 5-31 所示。

图 5-31　Mindshow 官网

说明:Mindshow 的官网网址为 https://www.mindshow.fun/。

步骤02 单击"Markdown 转 PPT"按钮,如图 5-32 所示。

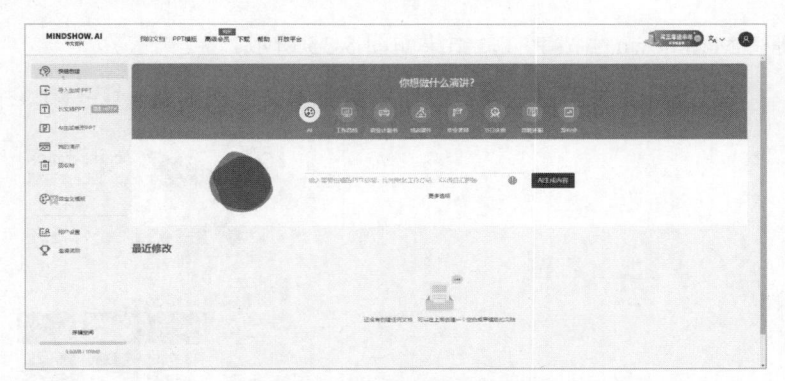

图 5-32　PPT 生成助手

提示:此操作需要登录后才可执行,若无账号,请在注册后登录,若已有账号,直接登录即可。

步骤03 单击"导入生成 PPT"按钮，如图 5-33 所示。

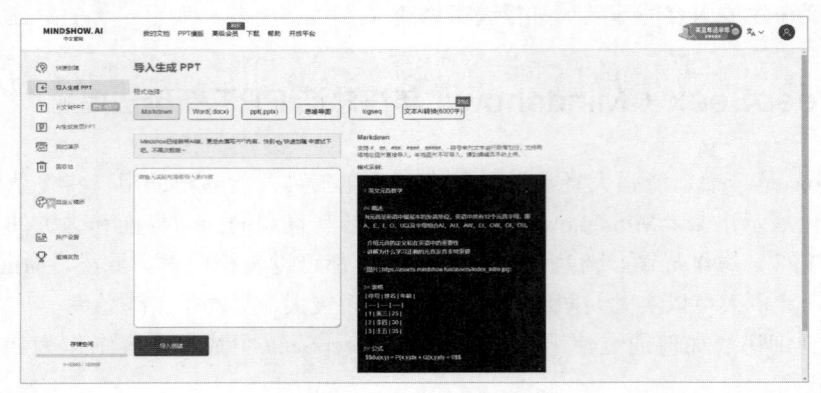

图 5-33　导入生成 PPT

步骤04 复制 DeepSeek 生成的 Markdown 格式的内容并粘贴到输入框中，然后单击"导入创建"按钮，如图 5-34 所示。

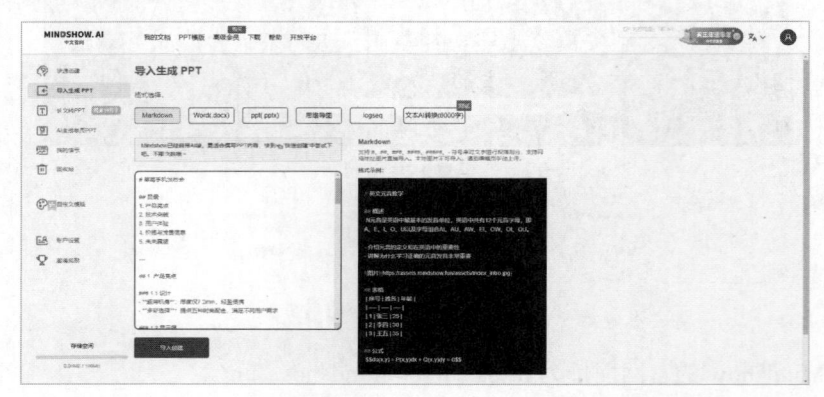

图 5-34　通过 Markdown 格式的内容生成 PPT

步骤05 等待 Markdown 生成 PPT，结果如图 5-35 所示。

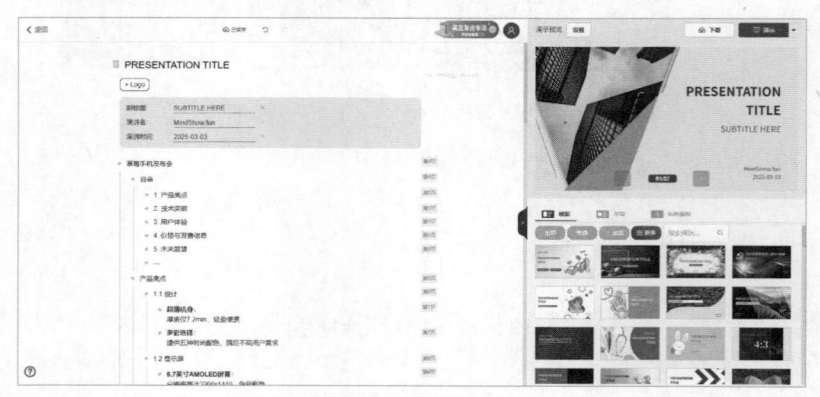

图 5-35　生成的 PPT

步骤06 根据需求选择 PPT 模板，选中模板后可以根据自己的需求修改 PPT 内容。例如，修改第一页的标题、副标题、演讲者和演讲时间，如图 5-36 所示。

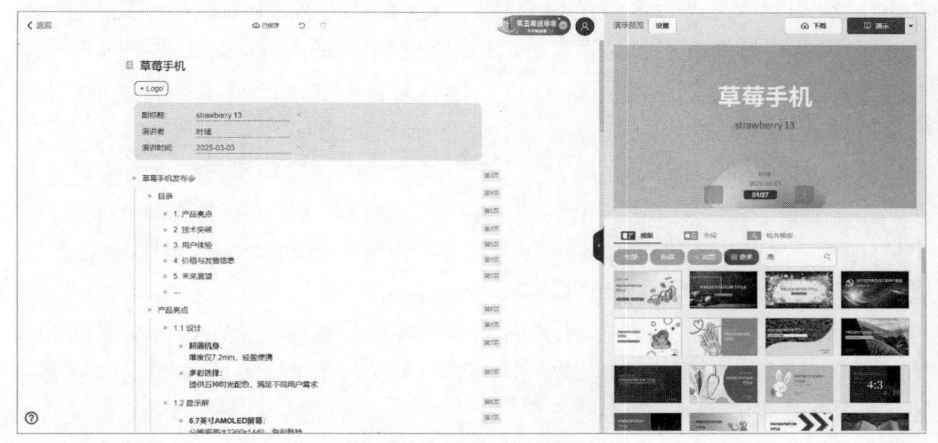

图 5-36　PPT 内容修改

步骤07 修改完成后单击"下载"按钮，即可完成 PPT 的下载，如图 5-37 所示。

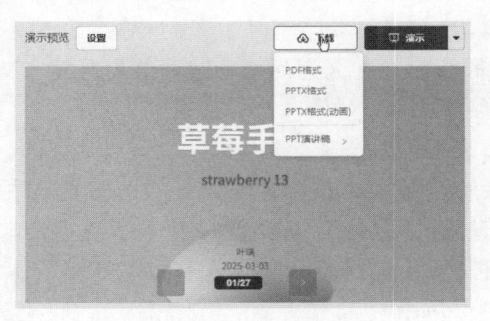

图 5-37　PPT 下载

5.5.3　个性化 PPT：轻松设计实战

Mindshow 不仅提供了各种 PPT 模板，还支持智能布局切换功能。用户只需单击，系统就能自动对页面元素进行重组和优化，根据内容类型智能推荐最佳版式，从而显著提升设计效率。这一功能不仅支持文字、图片、图表，还涵盖多媒体元素，让所有元素都能灵活调整位置和样式，满足多样化的设计需求。其次，Mindshow 还支持私有模板导入。用户可以根据自己的需求导入自定义模板。总的来说，Mindshow 以独特的智能布局切换和私有模板导入功能，为用户提供了前所未有的 PPT 设计体验，让内容呈现更加高效、专业且富有个性。

Mindshow 的智能布局切换和私有模板导入功能的具体实现如下：

步骤01 选择"布局"选项卡，即可根据自己的需求选择合适的页面布局，如图 5-38 所示。

DeepSeek 赋能高效办公与职场实践

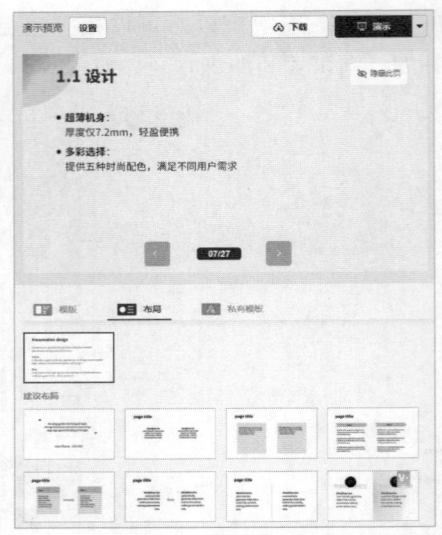

图 5-38　PPT 页面布局

步骤02 选择"自定义模板"选项卡,进入自定义模板创建页面,如图 5-39 所示。

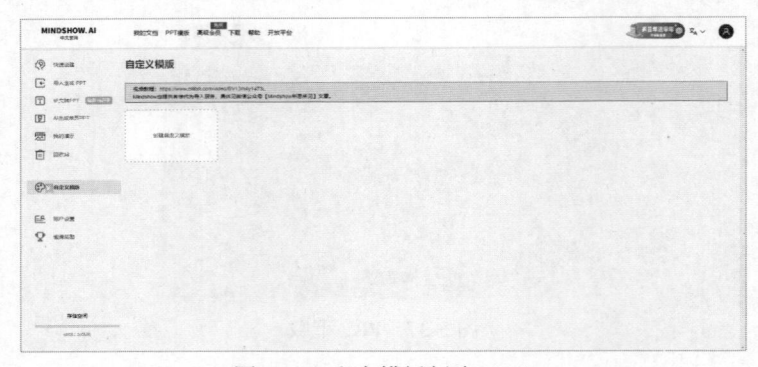

图 5-39　私有模板创建(一)

步骤03 单击"创建自定义模板"按钮,进行私人模板的制作,如图 5-40 所示。

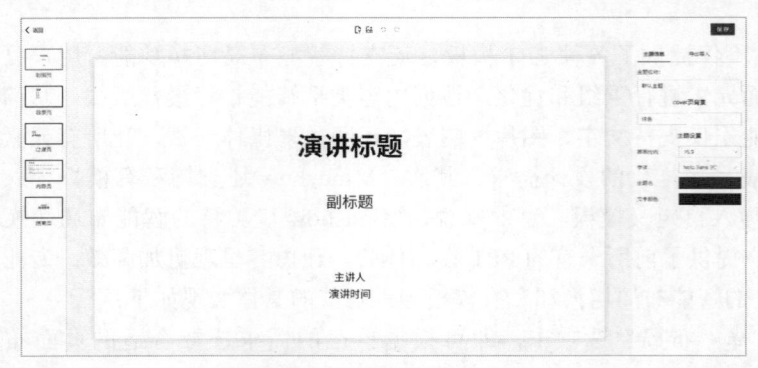

图 5-40　私有模板创建(二)

说明：PPT 的模板可以通过手动编辑的形式创建，也可通过导入的形式创建。

5.6　高效密码：内容冗余与视觉风格统一策略

在现代商业环境中，PPT 已成为传达信息、展示创意和促进决策的重要工具。然而，许多专业人士在使用 DeepSeek 等 AI 工具生成 PPT 时，常常面临内容冗余与视觉风格不一致的问题。下面将深入探讨这些问题的成因，并提供针对性的解决方案，帮助用户更高效地利用 DeepSeek 生成高质量的 PPT。

5.6.1　内容冗余问题的解决策略

1. 精准提炼关键信息

内容冗余是 PPT 制作中的一个常见问题，主要表现为文字过多、信息堆砌。为了解决这一问题，首先需要对演讲内容进行深度梳理，明确核心观点。例如，在一个关于市场分析的 PPT 中，应避免直接复制粘贴大量数据报告，而应提炼出关键的市场趋势、竞争对手分析和目标客户群体的特征。通过使用简洁明了的语言，每个幻灯片应仅传达一个主要观点，这样既能保持内容的精炼，又能让观众更容易抓住重点。

2. 合理组织内容结构

除了提炼内容外，合理的内容结构也是避免冗余的关键。一个好的 PPT 应该有明显的开头、中间和结尾部分。开头部分简要介绍演讲主题和目的，中间部分详细展开各个论点，每个论点都应有相应的数据或案例支持，结尾部分总结全文。在每一部分内部，也要注意逻辑清晰，确保信息的流畅性和连贯性。

3. 有效利用图表和图像

在减少文字量的同时，适当增加图表和图像的使用可以大大提升 PPT 的视觉效果和信息传达效率。例如，使用柱状图来展示销售数据的变化趋势、用流程图来解释复杂的工作流程。这些视觉元素不仅能够简化信息的呈现，还能使观众更直观地理解内容，从而减少阅读负担。

4. 避免重复和啰唆

在编辑 PPT 的过程中，要特别注意去除重复的内容和多余的描述。例如，对于已经在前面提到过的概念或数据，在后面的幻灯片中就无须再次提及。同时，避免使用冗长的句子和复杂的词汇，简单直接的语言往往更能打动听众的心。

5.6.2　视觉风格统一策略

1. 选择一致的主题模板

视觉风格的统一性对于提升 PPT 的专业度至关重要。WPS 灵犀、Kimi 等提供了多种预设的主题模板，用户可以根据自己的需求选择合适的模板。一旦选定了某个模板，就应该在整个PPT中保持一致使用，包括背景颜色、字体样式和大小等。这不仅能给人以视觉上的舒适感，还能增强品牌形象的一致性。

2. 统一色彩搭配

色彩是影响视觉感受的重要因素之一。在设计PPT时，应该选择一套和谐的色彩方案，并贯穿整个演示文稿。例如，可以选择公司标志的颜色作为主色调，再搭配一些辅助色来丰富视觉效果。同时，要注意颜色的对比度和亮度，确保文字和背景之间有足够的区分度，以便观众能够清晰地阅读内容。

3. 维持一致的版式布局

除了颜色之外，版式布局的统一也是提升视觉一致性的关键。在每页幻灯片上，都应该遵循相同的排版规则，如标题的位置、正文的排列方式以及图片的大小和位置等。这样可以使得整个PPT看起来更加整洁有序，同时也便于观众快速定位到他们感兴趣的信息点。

4. 注重细节处理

在追求整体风格统一的同时，也不能忽视对细节的处理。例如，图标的选择应当与主题相符且风格一致；按钮的设计应当简洁明了且易于操作；动画效果的应用应当适度而不过分花哨。这些看似微小的细节实际上会对观众的整体体验产生重要影响。

5. 测试与反馈

完成初稿后要进行多次预览和测试。可以邀请同事或朋友帮忙审阅，从不同的角度提出意见和建议。特别是关于内容的清晰度、逻辑性和视觉吸引力等方面的意见尤为宝贵。根据反馈进行调整优化，直到达到最佳的效果为止。

通过上述方法的综合运用，可以有效地解决DeepSeek生成PPT过程中遇到的"内容冗余"与"视觉风格不统一"的问题。记住，一个好的PPT不仅仅是信息的载体，更是沟通的桥梁和说服的工具。只有当我们真正站在受众的角度考虑问题时，才能创造出既有深度又有温度的作品来打动人心。

第 6 章
职场沟通与文书写作的高效秘诀

本章概述

本章将深入剖析职场沟通与文书写作的核心价值,并揭示 DeepSeek 在此领域的革新应用与实战秘诀。我们旨在为读者提供高效方法论,助力职场人士提升沟通表达与文书创作能力。

首先,将探讨职场沟通与文书写作的重要性,通过理论与实例分析,让读者明白精准沟通与专业文书对提升工作效率和塑造职业形象的关键作用。

接着,将介绍 DeepSeek 在职场文书创作中的革新应用,展示如何利用其生成精准、流畅且有说服力的职场文书,为职场人士提供辅助,使文书创作更轻松高效。

为提升实战能力,本章推出 DeepSeek 优化职场邮件与通知的实战攻略,通过具体案例展示如何迭代优化邮件与通知,使其更符合职场规范,提升信息传达效率。

此外,本章还设计了 3 个实战项目:AI 辅助简历编写、会议纪要提炼、跨文化商务邮件编写优化。通过这些项目,读者将学会利用 DeepSeek 生成个性化简历、提炼会议要点、调整邮件语气用词,以适应不同职场需求。

通过本章的学习,读者将更深刻地理解职场沟通与文书写作的价值,明确 DeepSeek 在提升效率与质量方面的独特价值,并掌握如何在实际工作中高效运用 DeepSeek,实现职场沟通与文书写作的飞跃。

知识导读

本章要点(已掌握的在方框中打钩)
- ☐ 了解职场沟通与文书写作的核心价值。
- ☐ DeepSeek 在职场文书创作中的革新应用。
- ☐ 学习 DeepSeek 在邮件撰写与处理的优化技巧。
- ☐ 掌握 DeepSeek 辅助编写简历。
- ☐ 掌握 DeepSeek 提炼会议要点。

时至 2025 年,人工智能技术正以前所未有的迅猛势头发展,深刻影响着我们的工作模式并引领着变革。根据《2025 AI 工具全景图》的最新统计数据,AI 助手的普及率已经攀升至惊人的 70%。在这一背景下，DeepSeek 作为国内 AI 工具领域的先锋，凭借其卓越的自然语言处理技术和广泛的场景化应用方案，迅速赢得了职场人士的广泛认可，成为他们工作中不可或缺的得力助手。

与此同时，职场环境正经历着前所未有的深刻变革。越来越多的职场人士开始意识到，传统的工作模式已经难以适应现代职场的高强度与快节奏。如何高效地完成工作任务、提升个人生产力，已成为职场人士普遍关注并亟待解决的核心问题。

当前，职场中面临着诸多亟待破解的痛点。信息过载使得有价值的内容难以被有效筛选；任务繁杂导致人们难以集中精力处理关键事务；时间管理困难让人们在忙碌中迷失方向；而创意瓶颈更是让许多人在内容创作上陷入困境，难以自拔。

具体而言，许多职场人士每天都需要承担撰写大量报告、制作 PPT、优化文案等繁重任务，这些工作不仅耗时费力，还容易因重复性劳动而产生强烈的疲劳感。此外，随着内容创作需求的日益增长，如何快速生成高质量的文章已成为自媒体人、学术工作者等众多群体面临的共同难题。

因此，如何充分利用人工智能技术，有效解决职场中的这些痛点问题，提升工作效率和激发创造力，已成为当前职场人士共同探索并努力解决的重要课题。这不仅关乎个人职业发展的提升，还是推动整个职场环境向更加高效、智能方向迈进的关键所在。

6.1 职场沟通与文书写作的核心价值深度剖析

职场沟通与文书写作之间存在多方面的紧密关联，它们共同构成了职场高效运作的重要支柱。首先，有效沟通是职场工作中的一项核心技能，它不仅局限于面对面的口头交流，还涵盖书面沟通这一重要领域。无论是与同事间的紧密合作、向上级领导的详尽汇报，还是与客户的深入交流，良好的沟通能力都能极大地促进团队协作的默契度，显著提升工作效率，并有效避免误解与冲突的发生，为职场环境的和谐稳定贡献力量。

文书写作，作为沟通的一种重要且独特的方式，其在职场中的作用不容小觑。通过精心构思与撰写的文字，我们可以将工作中的具体问题、独到见解及建设性建议进行清晰、准确的书面表达，确保信息在传递过程中保持原汁原味，并得到对方的深刻理解与认同。例如，在撰写工作报告、业务邮件或策划方案时，我们需要运用清晰、有条理的思维逻辑，精心挑选恰当的词汇与语气，以确保我们的思想观点能够精准触达读者的内心，引发共鸣与行动。

6.1.1 职场沟通的核心价值

在现代多元化的职场环境中，沟通能力被普遍视为一项不可或缺的基本技能，对于各个年龄段的职场人士而言都至关重要，尤其对于中年职场人士来说，掌握并灵活运用有效的沟通技巧显得尤为关键。随着工作场景与环境的日益多样化，职场人士所需面对的沟通对象也变得愈发复杂多变。无论是与日常并肩作战的同事、引领方向的上司，还是与业务往来的外部合作伙伴，能够清晰、准确且高效地进行沟通，都将成为推动工作进程、提升整体工作效率的重要驱动力。

1. 信息传递与交流方面

职场沟通扮演着信息传递的"高效润滑剂"与"效能放大器"的双重角色，其深远意义远不止于单纯的信息交换层面。它能够通过结构化的表达方式、健全的反馈机制及深入的文化渗透，将零散、碎片化的信息巧妙转化为团队内部清晰、统一且可执行的共识。

1）确保信息的精准与完整

消除信息偏差：采用双向对话、书面确认等策略，确保信息在传递链中保持其核心内容的完整性，有效减少因理解差异而引发的执行偏差。

结构化表达：运用标准化的报告模板（如工作报告、会议纪要）来规范信息的呈现，降低歧义产生的风险，使信息更加清晰易懂。

2）提升信息传递的效率

关键内容快速同步：通过高效的会议、邮件等沟通渠道，集中传递任务目标、进度数据等关键信息，避免重复沟通，节省资源。

跨部门协作优化：利用即时通信工具和项目管理平台，实现多团队间的实时信息共享，加速决策过程，缩短项目周期。

3）促进复杂信息的协调与整合

跨职能协作：在项目执行过程中，通过沟通将不同岗位的专业知识（如技术、市场、财务）进行有效整合，形成协同一致的行动策略。

冲突化解与共识达成：主动沟通，揭示各方需求差异，通过协商机制寻求共识，避免信息不对称引发的冲突，确保项目顺利进行。

4）强化反馈与持续改进

动态调整机制：建立定期汇报、复盘会议等沟通机制，及时收集执行反馈，对策略进行必要调整，确保项目目标的精准实现。

知识管理与沉淀：将沟通成果（如会议结论、经验分享）系统记录并转化为文档，构建可追溯的组织知识库，促进知识传承与创新。

5）推动文化与价值观的内化

隐性信息传递：在日常沟通中，通过语言风格、行为示范等细微之处，潜移默化地传递企业文化、团队协作规范，增强团队凝聚力与归属感。

不同沟通方式在职场中对信息传递的影响如表 6-1 所示。

表 6-1　不同沟通方式在职场中对信息传递的影响

沟通方式	信息传递效率	团队协作满意度
定期会议	90%	85%
邮件通知	85%	75%
在线协作工具	95%	90%

2. 建立良好人际关系方面

职场沟通不仅关乎信息的传递,更在于建立和维护良好的人际关系。通过积极的沟通,职场人士能够增进彼此的了解和信任,形成和谐的工作氛围,从而提高团队的凝聚力和战斗力。

1) 提升工作效率与增强团队凝聚力
- 良好沟通确保信息准确传递,团队目标一致,通过明确分工和进度同步减少重复工作。
- 和谐的沟通氛围提升团队归属感,降低因人际关系问题导致的离职率。

2) 增强职业形象与影响力
- 有效沟通技巧(如清晰汇报、适时发言)塑造专业形象,增加团队内话语权。
- 展现同理心和协作意愿,更易获得同事支持,形成积极互动。

3) 减少管理成本与风险
- 良好的人际关系可以减少沟通不畅导致的内部冲突,通过预期沟通降低任务执行摩擦。
- 当团队面临外部压力时,稳固的内部沟通可以快速形成共识,提高应急处理能力。

职场沟通在人际关系方面的影响如表 6-2 所示。

表 6-2 职场沟通在人际关系方面的影响

人际关系满意度	团队协作效率	员工离职率
高	90%	5%
中	75%	10%
低	60%	20%

3. 提升工作效率方面

高效的职场沟通能够显著降低误解与冲突的发生,增强团队成员间的协作默契,进而有效提升整体工作效率。借助清晰明确的沟通,团队成员能够迅速且准确地理解任务要求,实现资源的合理配置,从而确保各项任务能够按时且高质量地完成。

1) 任务分配与协调
- 通过有效的沟通,团队成员可以清晰地了解各自的任务和责任,确保工作的高效分配和协调进行。
- 沟通还可以帮助团队成员了解项目进展和相互依赖的工作环节,从而避免重复劳动和资源浪费。

2) 问题解决与决策制定
- 当工作中出现问题时,团队成员可以通过沟通及时发现问题、分析问题并共同寻找解决方案。
- 有效的沟通还可以促进团队成员之间的信息共享和意见交流,从而帮助决策者做出更加明智和全面的决策。

3) 优化工作流程
- 沟通可以帮助团队成员发现工作流程中的瓶颈和问题,从而提出改进措施和优化建议。

- 通过不断优化工作流程，可以减少浪费和延误，提高工作效率和质量。

4）提高工作质量
- 有效的沟通可以确保工作任务的准确理解和执行，从而减少错误和遗漏的发生。
- 团队成员之间的信息共享和协作还可以促进创新和改进，提高工作质量和水平。

职场沟通对工作效率的影响如表 6-3 所示。

表 6-3　职场沟通对工作效率的影响

沟通频率	生产效率提升率	销售业绩增长率
每周一次	15%	10%
每月一次	10%	5%
很少沟通	5%	0%

6.1.2　文书写作的重要性

文书在日常生活和工作中扮演着重要的角色，它不仅是信息传递的工具，还是组织思想、记录信息、存档和证明的重要手段。

在日常生活中，文书是沟通的桥梁，能跨越时空传递情感、分享观点、记录生活。例如，家书可以拉近人心，旅行日志可以见证成长。购物清单、日程规划等虽简单，却能帮助我们高效管理生活。

工作领域，文书的作用更为显著。它是企业沟通、团队协作、项目管理的基石。清晰翔实的报告或提案，能迅速传达信息，促进决策，推动项目。商务信函、合同协议等法律文书能够规范行为，明确权益，提升企业形象。同时，文书还承载着企业历史、成功经验与创新成果，为长远发展提供智慧与文化支持。

1. 职场文书是信息工具

职场文书，作为信息交流的媒介，扮演着至关重要的角色。它们不仅传递具体的工作指令、项目进展、数据分析等关键信息，还承载着企业文化、价值观及团队沟通的氛围。一份条理清晰、表述准确的职场文书，能够迅速被接收者理解并转化为实际行动，从而确保工作的高效推进。

职场文书的作用主要体现在以下 7 个方面：

1）组织思维与表达

职场文书是梳理复杂信息与逻辑、清晰阐述想法的有效工具。在项目管理实践中，撰写计划书、周报、进度表等文档，能精准设定工作目标、合理分配任务并实时追踪进度，从而显著提升团队协作效率与执行力。

2）信息记录与存档

职场文书扮演着信息载体的关键角色，它能帮助我们精确记录会议纪要、实验数据、个人工作总结等重要资料。这不仅确保了信息能准确无误地保存，还为日后的检索、回顾与知识传承提供了极大的便利。

3）信息精确传递

职场文书是信息交流的正式渠道，无论是个人间的书信往来，还是企业间的商务文件，都能通过书面形式确保信息的准确无误与正式性。这种传递方式有效降低了口头沟通中信息的遗漏与误解风险。

4）工作梳理与推进

通过精心编写的计划书、周报、进度表等，职场文书进一步助力工作的条理化与高效推进。它使团队成员对项目目标、任务分配及进度跟踪有清晰的认识，是推动项目顺利进行不可或缺的助力。

5）沟通桥梁

职场文书作为沟通的重要媒介，通过邮件、报告、备忘录等形式，能够清晰、系统地传达个人意图与观点，增进彼此间的理解与协作。它是跨越时空界限，实现高效沟通的有效手段。

6）法律证据与备案

在职场环境中，合同、协议、法律文件等职场文书扮演着至关重要的角色。它们以书面形式明确界定了各方权益与义务，为法律纠纷的解决提供了确凿证据，有效保护了各方的合法权益。

7）表彰与激励

职场文书同样承载着表彰与奖励的功能。企业通过书信、荣誉证书等形式表彰优秀员工，学校则通过奖状、奖学金等激励学生成长。这些文书不仅是对个人成就的认可，更是激发团队士气、营造积极氛围的重要工具。

信息传递方式对执行效率的影响如表 6-4 所示。

表 6-4　信息传递方式对执行效率的影响

信息传递方式	理解准确度	执行效率
口头传达	70%	中等
电子邮件	85%	较高
职场文书	95%	高

2. 公文写作的应用领域

公文写作是职场文书的一种重要形式，广泛应用于政府机构、企事业单位、社会团体等各个领域。从通知、报告、请示、批复到决议、决定、公告、公报，公文以其规范、严谨、正式的特点，确保了信息的权威性与可追溯性。

公文写作在部分领域的应用示例如下。

- 政府机构：发布政策法规、公告通知，确保公民权益得到保障。
- 企事业单位：制定内部规章制度、项目管理计划，提升组织运营效率。
- 社会团体：组织会议、活动，发布倡议书、募捐公告，增强社会影响力。

文书写作在不同领域中的应用如表 6-5 所示。

表 6-5　文书写作在不同领域中的应用

	公文种类	使用频率	应用特点
政府机构	政策法规、公告通知等	高	格式严格、内容翔实、权威性强，涉及国家政务、公共事务管理等方面
企事业单位	规章制度、项目计划等	中等	注重内部管理与外部合作，强调信息的准确传递、任务的明确分配及财务透明度
商业	合同、营销方案等	高	简洁明了、专业性强，注重商业条款的明确性、市场趋势的把握及策略的制定
教育	教学计划、学位论文等	中等	规范性高、逻辑清晰，侧重于教育教学管理与学术研究，注重知识的传递、学术成果的展示及教学质量的提升
社会团体	倡议书、募捐公告	中等	注重社会影响力与成员沟通，强调信息的透明度、活动的公益性及会员的参与度

3. 文书质量影响职业发展

文书写作的质量，不仅关乎信息的传递效率，还直接影响个人的职业发展。一份优秀的文书，能够展现作者的逻辑思维能力、语言表达能力和专业素养，为职业发展增添亮点。

1）体现个人能力和专业水平

在体制内工作中，文书写作是日常任务之一，文书的质量直接反映了个人的文字功底和综合能力。如果文书写得质量高，能够直观地体现个人的工作能力和专业水平，从而获得上级的认可和信任。

2）影响工作效率和质量

文书工作在机关和单位中占据重要地位，文书的质量和速度直接影响工作效率和质量。高质量的文书能够确保政策的贯彻执行和工作的顺利开展，而低质量的文书则可能导致工作混乱和效率低下。

3）决定职业晋升机会

在体制内，许多工作成果需要通过文书形式向上级汇报。文书的撰写质量直接关系到上级对下级工作表现的印象，进而影响职业晋升的机会。写得好的文书能够让上级更好地了解你的工作成果和能力，从而获得更多的晋升机会。

4）展示组织形象

公文写作不仅是信息传递和决策执行的工具，也是对外展示组织形象的窗口。掌握公文写作技能有助于提高工作效率，增强个人在职场中的竞争力，为职业晋升打下坚实基础。

文书写作质量对于个人职业发展的影响如表 6-6 所示。

表 6-6　文书写作质量对于个人职业发展的影响

文书质量	职业晋升机会	薪资待遇提升
高	高	高
中	中	中
低	低	低

6.2　DeepSeek 在职场文书创作中的革新应用实战

在职场环境中，高效、准确地撰写各类文书是每位职场人士必备的技能。然而，面对烦琐的工作报告、复杂的项目计划、规范的公文写作及精炼的会议纪要，如何做到既快速又精准，成为许多职场人士面临的挑战。DeepSeek 作为当下最火爆的 AI 大模型，以其强大的智能功能和便捷的操作体验，为职场文书创作带来了革新性的应用实战。

6.2.1　工作报告与项目计划高效撰写技巧

在进行提示词设计时，深入理解和巧妙运用提示词的三要素——精准、简洁、明确，是确保 AI 能够精准捕捉用户意图，并提供高质量回复内容的关键所在。这三要素不仅构成了提示词设计的基石，也是实现高效人机交互的重要法则。

1. 工作报告撰写技巧与 DeepSeek 应用

1）结构化逻辑：快速搭建报告框架

技巧：金字塔原理（结论先行→分点论证→数据支撑）。

DeepSeek 应用：

指令示例：

"请按金字塔结构为《2023 年 Q3 市场部工作总结》设计大纲，包含业绩回顾、问题分析、下季度计划三部分，每部分需 3 个子论点。"

输出结果：

> DeepSeek：　1. 业绩回顾
> 　　　　　　　1.1 销售额同比增长 35%（附加区域数据对比）
> 　　　　　　　1.2 新媒体曝光量突破 500 万次（列举平台贡献率）
> 　　　　　　　1.3 客户满意度提升至 92%（对比 Q2 数据）
> 　　　　　　2. 问题分析 ...

案例："某零售企业省区经理借助此功能，数据准备时间缩短 60%，汇报内容更容易获得总部青睐，有利于获得总部的资源倾斜。"

2）语言优化：专业性与可读性平衡

技巧：避免冗余表述，使用动词驱动句式（如"推动""优化""突破"等）。

DeepSeek 应用：

原文：

"我们在本季度尝试了很多方法，比如增加了线上广告投放，也做了直播带货，最后销售额有一些提升。"

优化指令：

"将以下内容转化为正式工作报告用语。（强调动作结果）[粘贴原文]"

输出结果：

> **DeepSeek:** "本季度通过双策略驱动增长：
> ① 精准投放信息流广告，获客成本降低 22%；
> ② 开展 12 场品牌自播，促成销售额环比提升 41%。"

案例："某电商运营新人使用此功能，快速掌握业务话术体系，汇报表述专业度显著提升。"

3）风险预警：AI 辅助问题诊断

技巧：客观呈现问题 + 解决方案导向。

DeepSeek 应用：

指令示例：

"当前项目延迟 2 周，因供应商交货延迟和测试环境配置问题。请以'风险 - 应对'结构润色，保持专业但不过度消极。"

输出结果：

> **DeepSeek:** ▶ 当前挑战
> - 供应链波动：核心部件交货周期延长 10 天（已启动备选供应商洽谈）
> - 系统兼容性：测试环境部署进度滞后（技术团队 24 小时轮班攻坚）
> ▶ 应对保障
> - 倒排工期表：关键节点增加 Buffer 机制
> - 每日站会同步风险 ...

案例："某 IT 项目经理运用此模板，既能客观反馈问题，又能展现掌控力，可以凭借此优势申请到一些额外资源支持。"

2. 项目计划撰写技巧与 DeepSeek 应用

1）明确项目目标和范围

技巧：使用 SMART（Specific、Measurable、Achievable、Relevant、Time-bound）原则来设定项目目标，确保目标具体、可衡量、可实现、与公司战略相关，并设定明确的时间限制。

DeepSeek 应用：

指令示例：

"利用 DeepSeek 的行业分析与市场预测功能，为'×× 项目'识别目标市场的规模、增长率、竞争格局等关键信息，并基于这些信息，推荐设定更具针对性和实际可行性的项目目标。同时，若可能，识别项目关键路径，并推荐 3 种压缩周期的方法（并行、快速跟进、范围调整），评估每种方案的风险系数。"

输出结果：

> **DeepSeek:** 1. 市场分析：
> 市场规模：×× 亿元
> 增长率：××%
> 竞争格局概述

> **DeepSeek:** 2. 项目目标：
> 　　开发并推广××产品，预计市场份额××%
> 3. 关键路径与周期压缩：
> 　　关键路径：X → Y → Z
> 　　压缩方法：
> 　　　　a. 并行：缩短××天，中风险
> 　　　　b. 快速跟进：缩短××天，高风险
> 　　　　c. 范围调整：缩短××天，低风险

2）详细的任务拆解

技巧：使用工作分解结构（WBS）将项目目标拆解为一系列可执行的小任务，并为每个任务设定明确的责任人和截止时间。

DeepSeek 应用：

操作流程：

输入："为'智能客服系统升级项目'创建 WBS，包含需求分析、开发测试、上线部署三阶段，分解到子任务级别。"

追加指令："检查任务粒度是否符合'单人 80 小时可完成'标准，对超标任务二次拆分。"

输出亮点：

> **DeepSeek:** 自动标注超规模任务"数据迁移"→拆分为"历史数据清洗""映射规则配置""迁移验证"
> 智能推荐关联任务责任人（基于历史项目数据匹配）

案例："某金融科技公司 PMO 运用此功能，WBS 编制时间从 3 天缩短至 4 小时，任务溢出风险降低 65%。"

3）合理的资源规划

技巧：根据项目需求，合理规划所需的人力、预算和工具等资源，并确保资源的有效利用。

DeepSeek 应用：

操作流程：

输入："为'新项目资源规划'进行分析，结合历史项目数据与当前项目需求。"

追加指令："预测项目所需的人力资源数量、技能构成及预算规模，并提供资源优化建议。"

输出亮点：

> **DeepSeek:** 精准资源预测：基于项目特性与历史数据，DeepSeek 能精确预测人力资源需求，包括数量与技能分布。
> 预算规模估算：自动分析并给出合理的预算规模预测，减少资源浪费。
> 资源优化建议：提供详尽的资源优化策略，助力管理者做出高效决策。

案例："某大型 IT 企业采用 DeepSeek 进行资源规划，通过其精准预测与建议，项目资

源利用率提升了 30%，同时预算节约了 15%。"

6.2.2 公文写作与会议纪要精炼秘诀揭秘

1. 核心原则

1）公文铁律

（1）金字塔结构：公文撰写需遵循逻辑清晰的金字塔结构，即先提出结论，随后提供支撑结论的依据，最后补充必要的背景信息。这种结构有助于读者快速抓住要点，理解公文的核心内容。公文撰写的金字塔结构示意图如图 6-1 所示。

（2）5W2H 要素：在公文撰写中，必须明确 Who（谁）、What（什么）、When（何时）、Where（何地）、Why（为何）、How（如何）及 How much（多少）这 7 个关键要素。这些要素构成了公文的基本框架，确保了信息的完整性和准确性。公文撰写的 5W2H 要素示意图如图 6-2 所示。

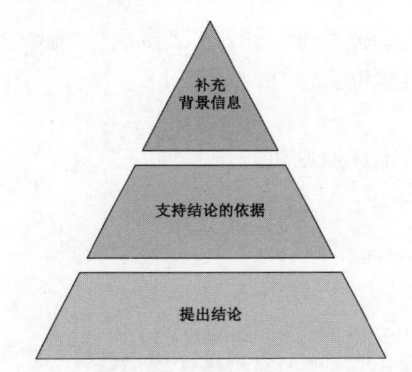

图 6-1 公文撰写的金字塔结构示意图 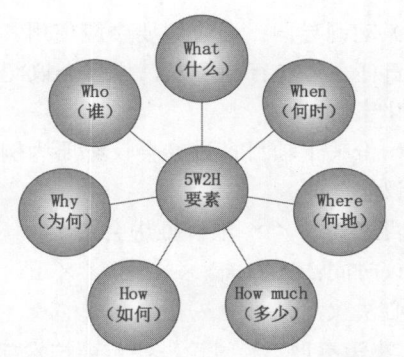　　图 6-2 公文撰写的 5W2H 要素示意图

（3）三不原则：公文撰写应坚持不抒情、不推测、不模糊表述的原则。避免使用过于主观或情感化的语言，不做出未经证实的推测，确保表述清晰、准确，避免产生歧义。公文撰写的"三不原则"示意图如图 6-3 所示。

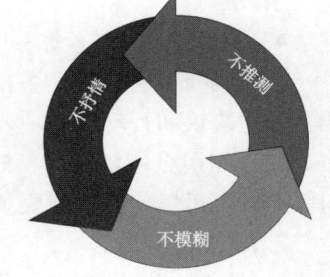

2）会议纪要精髓

（1）黄金三角：会议纪要应突出决策事项、行动计划和争议焦点这 3 个核心要素。决策事项是会议的核心成果，行动计划是落实决策的具体步骤，争议焦点则是需要后续关注或解决的问题。会议纪要的"黄金三角"示意图如图 6-4 所示。

图 6-3 公文撰写的"三不原则"示意图

（2）倒金字塔法则：在撰写会议纪要时，应先呈现核心决议，再概述讨论要点，最后补充背景信息。这种结构有助于读者快速了解会议的核心内容，同时提供必要的背景信息以支持理解。会议纪要的"倒金字塔"法则示意图如图 6-5 所示。

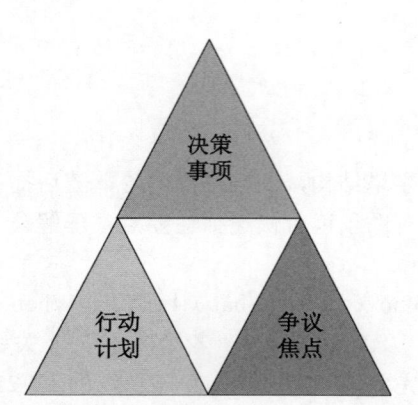

图 6-4　会议纪要的"黄金三角"示意图 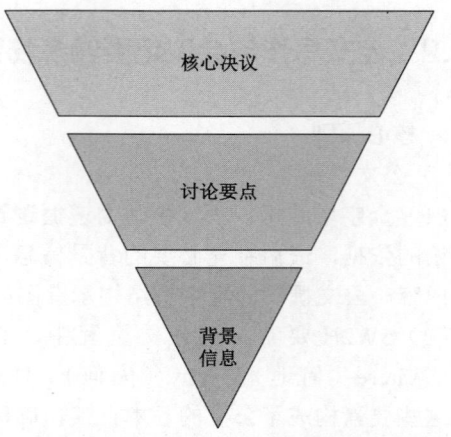　　图 6-5　会议纪要的"倒金字塔"法则示意图

（3）动词导向：会议纪要中应使用具有执行性的动词，如"审批""责成""确认"等，以明确责任主体和行动要求，增强会议纪要的执行力和可操作性。

优化案例：

以一份关于项目推进的会议纪要为例，可以运用上述原则进行撰写：

会议纪要：

项目名称：××项目推进会

会议时间：2023 年 ×× 月 ×× 日

核心决议：

- 决策事项：经讨论，决定由技术部负责在 9 月 30 日前完成测试环境搭建。

行动计划：

- 技术部：负责测试环境搭建的具体实施，确保按时完成。
- 市场部：需在 8 月 15 日前补充提供用户画像数据，以支持测试环境搭建。

争议焦点：

- 关于运维外包预算额度的问题，目前尚未达成共识，需后续专项讨论。

背景信息：会议中，各部门就项目进展、存在问题及解决方案进行了深入讨论，最终形成了上述决议和行动计划。

通过运用金字塔结构、5W2H 要素、三不原则、黄金三角法则、倒金字塔法则和动词导向等原则，可以使会议纪要条理清晰、内容准确，有助于后续工作的顺利开展。

2. AI 协同策略

1）输入优化公式

[背景说明]+[核心诉求]+[格式要求]+[禁忌事项]

示例：请将 30 分钟会议录音转换为纪要，需突出技术部关于 Q3 系统升级的实施方案，排除市场部预算争议内容，采用「决议事项 - 责任部门 - 时间节点」结构。

2）迭代指令模板

第一轮：提取核心信息（原始素材→要素清单）。

第二轮：结构化重组（要素→逻辑框架）。

第三轮：公文润色（口语转书面语 + 术语标准化）。

3）智能校验指令

合规审查：请核对文中引用 2023 年《××管理办法》条款准确性。

冲突检测：检查时间节点与上周会议决议是否存在矛盾。

敏感词过滤：依据涉密级别表筛查不宜公开信息。

3.实战模板库

1）通知类公文

【紧急/重要】关于××工作的通知
（背景简述）鉴于...现要求：
一、工作内容（具体事项）
二、责任分工（主责部门/协同单位）
三、进度要求（×月×日前完成××）
四、联系方式（对接人 + 截止时间）

2）会议纪要

××项目推进会（2023.××.××）
【决议事项】
1. 技术部牵头（张三负责）于 9 月 30 日前完成测试环境搭建
【待办清单】
　市场部需补充提供用户画像数据（8 月 15 日前）
【争议备忘】
　关于运维外包预算额度暂未达成共识，拟专项讨论

4.风险控制

1）AI 工具使用红线

- 涉密内容需脱敏处理（用 [数据删除] 代替具体数值）。
- 正式发文中政策表述必须人工核对原文。
- 签批流程不可自动化（保留手写签名环节）。

2）质量核查清单

- 格式校验：文号/签发人/抄送单位是否完整。
- 数据验证：百分比/日期/金额的跨文档一致性。
- 权限确认：密级标识与传阅范围匹配度。

通过"AI 初稿生成 + 人工策略调整 + 智能复核"的三段式工作流，可提升 60% 基础文书处理效率，同时确保关键决策信息的精准传达。建议建立个性化提示词库，针对不同文档类型预设标准化指令模板。

6.3　DeepSeek 优化职场邮件与通知的实战攻略

DeepSeek 凭借强大的智能化功能，能够深刻理解职场沟通的独特需求，从而为用户提供定制化的邮件与通知管理方案。

在邮件撰写方面，DeepSeek 能够准确理解用户的需求，及时提供多样化的邮件格式模板。这些模板不仅专业性强、符合行业标准，而且易于编辑，助力用户快速生成既专业又贴合规范的邮件内容。

与此同时，DeepSeek 还具备强大的内容优化能力。可以对用户的邮件内容进行智能分析，然后通过调整措辞的精准度与语气的恰当性，确保信息在准确无误地传达给收件人的同时，也能带来更加流畅、舒适的阅读体验。这种细腻入微的调整，不仅提升了邮件的专业性，也大大增强了沟通的效果。

此外，DeepSeek 能够实现邮件内容的多语言翻译，实现邮件内容在不同语言之间的无缝转换，无论是英语、法语还是其他语种，都能确保翻译的准确性与流畅性，真正打破了语言界限，让全球范围内的沟通变得前所未有的顺畅与高效。

1. 邮件撰写优化技巧

1）快速生成邮件模板

- 案例：假设你需要频繁发送项目进展汇报邮件，但每次都要从头开始撰写，既耗时又容易出错。
- 策略：利用 DeepSeek 的指令词库功能，输入如"@项目进展汇报"指令，即可自动调取预先设定好的邮件模板。模板中已包含标准的格式、必要的段落和常用的表述方式，只需根据实际情况填写具体数据和信息即可。

2）智能润色邮件内容

- 案例：你撰写了一封关于项目延期说明的邮件，但担心措辞不够委婉或专业。
- 策略：将邮件内容输入 DeepSeek，利用其语言润色功能。例如，输入如"润色项目延期说明邮件"指令，DeepSeek 会自动优化邮件的表述方式，添加数据支撑，使邮件更加专业和具有说服力。

3）多语言邮件翻译

- 案例：你需要向不同国家和地区的合作伙伴发送邮件，但语言障碍成为了一个问题。
- 策略：利用 DeepSeek 的多语言实时翻译功能，将中文邮件内容输入后选择目标语言（如英语、法语等），DeepSeek 会自动将邮件内容翻译成目标语言，并确保语法和表述的准确性。

2. 邮件处理优化

1）智能分类与归档

- 案例：你每天收到大量的邮件，需要手动分类和归档，非常耗时。
- 策略：利用 DeepSeek 基于海量数据的深度训练以及先进的分析技术，可以大幅度提升对邮件内容的理解能力。从而精准地识别各类邮件，能从海量的邮件中区分出"工作邮件""广告邮件"等。实现了更加精准与高效的分类和归纳，极大地优化了用户的邮件列表结构，能够显著提升用户的邮件处理效率。

2）快速提取邮件关键信息
- 案例：你收到了一封包含多个任务要求的邮件，需要手动提取并整理这些信息。
- 策略：将邮件内容输入 DeepSeek，利用其对内容进行智能分析，快速提取邮件中的关键信息，如待办事项、截止时间、责任人等。DeepSeek 还可以将这些信息整理成表格或待办事项列表，方便进行后续的任务分配和跟踪。

3）邮件提醒与追踪
- 案例：你发送了一封重要的邮件，但担心对方未及时回复或遗漏了邮件内容。
- 策略：利用 DeepSeek 的会话目标导向型提示框架功能，在邮件中设置提醒和追踪指令。例如，可以在邮件中明确说明需要对方在几天内回复，然后关联企业通讯工具（如钉钉、飞书等），自动派发任务并设置 DDL 提醒。

3. 通知撰写与处理优化

1）快速生成通知模板
- 案例：你需要撰写一份关于公司政策调整的通知，但不知道从何下手。
- 策略：利用 DeepSeek 的行业模板功能，选择与公司政策调整相关的通知模板。模板中已包含标准的格式、必要的段落和常用的表述方式，你只需根据实际情况填写具体政策内容和调整要求即可。

2）智能优化通知内容
- 案例：你撰写了一份关于员工培训的通知，但担心内容不够详细或清晰。
- 策略：将通知内容输入 DeepSeek，利用其智能优化功能对通知内容进行润色和完善。DeepSeek 会自动检查通知中的语法错误、表述不清或遗漏的信息等问题，并提供改进建议。

6.4 实战案例精选

在当今这个快速发展的时代，DeepSeek 作为一款备受关注的 AI 大模型，正以其非凡的应用潜力引领着技术与效率的新潮流。掌握并有效利用这一先进工具，对于提升工作效率、强化个人能力，无疑具有举足轻重的意义。接下来，将借助一系列鲜活且富有启发性的真实案例，细致剖析 DeepSeek 如何助力我们迅速实现任务目标，从而在激烈的职场竞争中显著提升个人竞争力。

6.4.1 AI 辅助：简历撰写与面试准备全攻略实战

在当今竞争激烈的就业市场中，一份出色的简历和充分的面试准备是求职成功的关键。

AI 技术的引入，为求职者提供了前所未有的助力。

1. DeepSeek 辅助撰写简历

对于一名刚毕业的大学生而言，一份高质量、优秀的简历无疑是面试求职的必备敲门砖。然而，许多初入职场的年轻人往往对如何编写这样一份出色的简历感到束手无策。为此，我们将结合 DeepSeek 这一工具，来快速打造一份令人眼前一亮的简历。

步骤01 打开 DeepSeek 官网（https://chat.deepseek.com/），将自己的一些个人信息发送给 DeepSeek，让它根据这些信息生成一个简历模板，还可以指定模板的输出方式（如 HTML 格式等）。

提示词格式如下："我叫×××，毕业于××××大学，是（专业）计算机科学技术专业的一名学生。在校期间（在校经历）参与××竞赛，获得'国家奖学金'。曾在××公司（实习经历）从事 Java 后端开发。请帮我生成一份简历，并且给到 HTML 版本，要求视觉风格简洁，一目了然，一页纸内。"如图 6-6 所示。

步骤02 选择深度思考模式，并单击发送按钮后，DeepSeek 会根据提供的基本信息完成简历的编写，并且还会提供一些建议，方便后续对简历进行优化（例如，简历特点、使用建议等），生成的内容如图 6-7 所示。

图 6-6　简历生成模板　　　　　图 6-7　DeepSeek 生成简历模板的思考过程

生成的简历 HTML 代码如下：

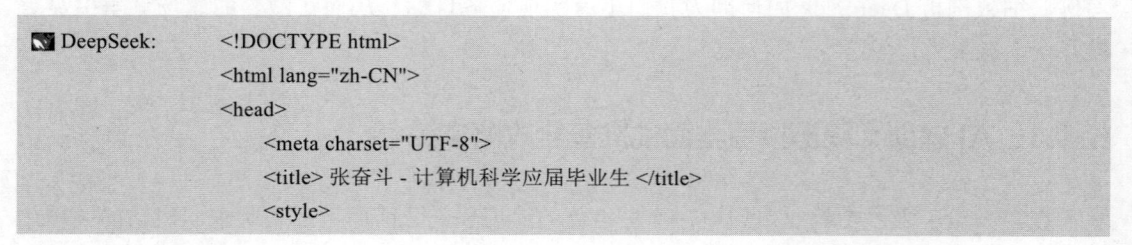

DeepSeek:	`<!DOCTYPE html>`
	`<html lang="zh-CN">`
	`<head>`
	　　`<meta charset="UTF-8">`
	　　`<title>` 张奋斗 - 计算机科学应届毕业生 `</title>`
	　　`<style>`

DeepSeek:
```
        body { font-family: 'Segoe UI', Arial, sans-serif; line-height: 1.6; max-width: 800px; margin: 20px auto; padding: 0 20px; color: #333; }
        h1 { color: #2c3e50; border-bottom: 2px solid #3498db; padding-bottom: 5px; }
        h2 { color: #3498db; margin-top: 25px; }
        .section { margin-bottom: 20px; }
        .contact-info { display: flex; justify-content: space-between; flex-wrap: wrap; }
        .item { margin: 10px 0; }
        .company { font-weight: bold; color: #2c3e50; }
        .time { color: #7f8c8d; float: right; }
        ul { padding-left: 20px; }
        a { color: #3498db; text-decoration: none; }
        .box { border: 1px solid #ecf0f1; padding: 15px; margin: 10px 0; border-radius: 5px; }
    </style>
</head>
<body>
    <h1> 张奋斗 </h1>

    <div class="contact-info">
        <div>📞 188-1234-5678</div>
        <div>✉ zhangfendou@email.com</div>
        <div>🌐 github.com/zhangfendou</div>
        <div>📍 河南省郑州市 </div>
    </div>

    <div class="section">
        <h2> 教育背景 </h2>
        <div class="box">
            <div class="item">
                <span class="company"> 郑州大学 </span> - 计算机科学与技术 本科
                <span class="time">2020.09 - 2024.06</span>
            </div>
            <ul>
                <li> 主修课程：数据结构与算法、操作系统、数据库系统、计算机网络 </li>
                <li>GPA：3.8/4.0（专业前 5%）</li>
            </ul>
        </div>
    </div>

    <div class="section">
        <h2> 工作经历 </h2>
        <div class="box">
            <div class="item">
                <span class="company"> 华为技术有限公司 </span> - Java 后端开发实习生
                <span class="time">2023.06 - 2024.01</span>
```

DeepSeek：

```
            </div>
            <ul>
                <li> 参与 XX 业务系统后端开发，使用 Spring Boot 框架日均处理 50 万 + 请求 </li>
                <li> 优化数据库查询效率，将关键接口响应时间从 800ms 降低至 200ms</li>
                <li> 设计并实现分布式任务调度模块，提升系统吞吐量 30%</li>
                <li> 编写单元测试覆盖率达 85%，修复系统历史遗留问题 15+</li>
            </ul>
        </div>
    </div>

    <div class="section">
        <h2> 项目经验 </h2>
        <div class="box">
            <div class="item">
                <span class="company"> 在线教育平台（个人项目）</span>
                <span class="time">2023.03 - 2023.05</span>
            </div>
            <ul>
                <li> 技术栈：Spring Cloud + MySQL + Redis + Vue.js</li>
                <li> 实现课程管理、在线支付、实时聊天等核心功能 </li>
                <li> 采用 JWT 实现分布式系统认证，QPS 达到 1200 + </li>
            </ul>
        </div>
    </div>

    <div class="section">
        <h2> 技能证书 </h2>
        <div class="box">
            <ul>
                <li> 编程语言：Java（精通）、Python、JavaScript</li>
                <li> 框架：Spring Boot/Cloud、MyBatis、Hibernate</li>
                <li> 数据库：MySQL（熟悉）、Redis、MongoDB</li>
                <li> 其他：Git、Docker、Linux 系统、AWS 基础 </li>
                <li> 证书：英语六级（589）、华为 HCIA 认证 </li>
            </ul>
        </div>
    </div>

    <div class="section">
        <h2> 荣誉奖项 </h2>
        <div class="box">
            <ul>
                <li> 国家奖学金（2022）</li>
```

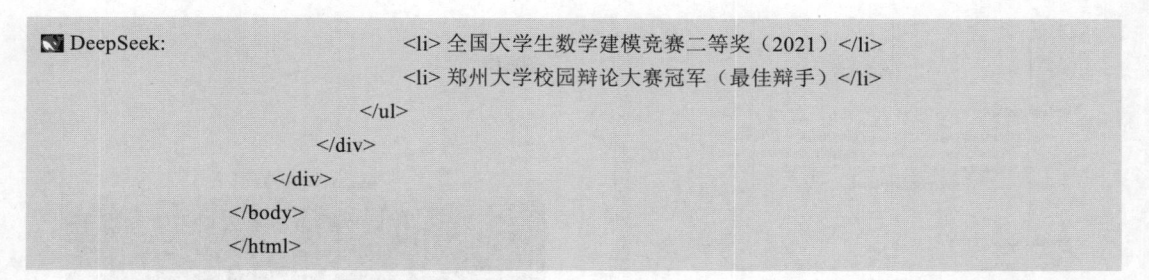

```
🐋 DeepSeek:                    <li> 全国大学生数学建模竞赛二等奖（2021）</li>
                                <li> 郑州大学校园辩论大赛冠军（最佳辩手）</li>
                            </ul>
                        </div>
                    </div>
                </body>
            </html>
```

DeepSeek 生成的 HTML 窗口如图 6-8 所示。

步骤03 也可以单击代码框下面的"运行 HTML"按钮，查看生成的简历模板效果，如图 6-9 所示。

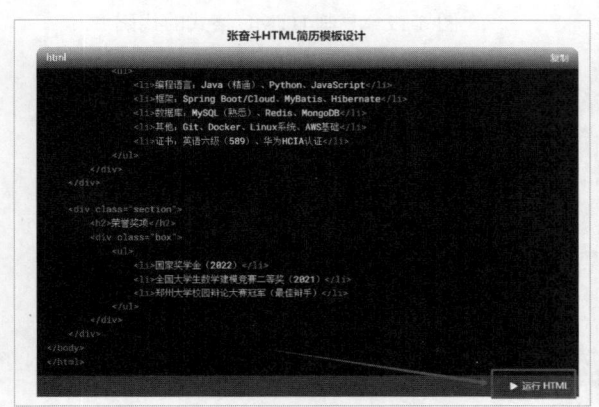

图 6-8　DeepSeek 生成的 HTML 窗口 　　　　图 6-9　HTML 格式的简历模板运行效果图

步骤04 对生成的简历进行优化。例如，原始的简历中，工作经历较少，可以让 DeepSeek 进行补充，完善几个实习经历。

优化内容："实习经历比较少，请再补充完善几段实习经历。"如图 6-10 所示。

图 6-10　优化简历内容

进行优化后会根据用户需求补充几个新的工作经历，如图 6-11 所示。

步骤05 下载简历。

复制代码框中的 HTML 代码，如图 6-12 所示。

在桌面上新建一个文本文档，将复制的 HTML 代码粘贴进去并保存，然后将这个文件扩展名更改为 .html 格式，双击这个文件，使用浏览器打开，如图 6-13 所示。

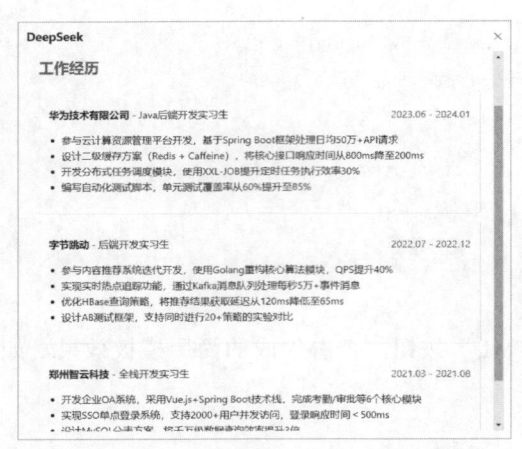

图 6-11 补充的工作经历

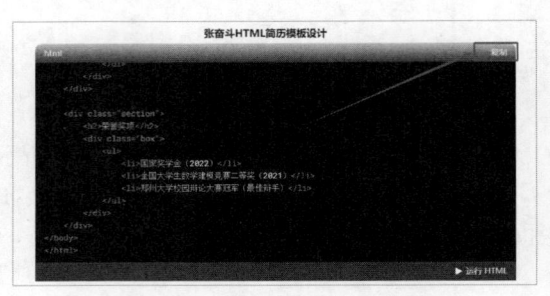

图 6-12 复制 HTML 格式的代码

图 6-13 在浏览器中打开 HTML 格式的简历

在打开的网页中右击，在弹出快捷菜单中选择"打印"命令，或者按 Ctrl + P 组合键，设置打印面板，将 HTML 格式的简历保存为 PDF 格式，如图 6-14 所示。

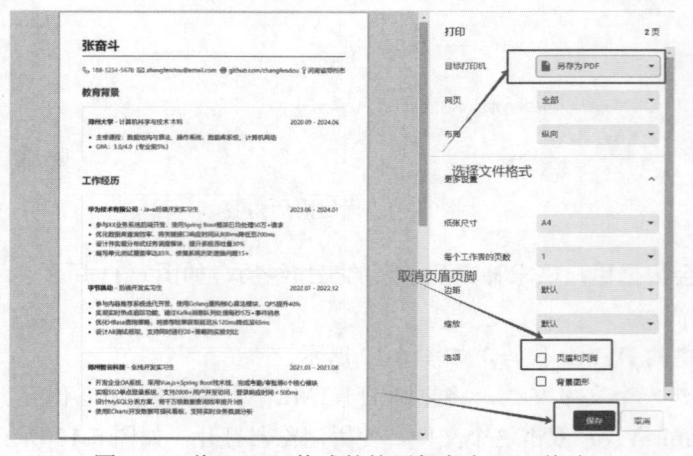

图 6-14 将 HTML 格式的简历保存为 PDF 格式

2. DeepSeek 辅助面试

简历作为求职的敲门砖,一旦制作完成,就正式进入了面试的准备阶段。在这个阶段,可以充分利用 DeepSeek,根据自身的专业背景和求职方向,量身定制一个详细的面试准备计划。

步骤01 将自己制作的简历以文件上传的方式提供给 DeepSeek,如图 6-15 所示。

步骤02 生成一段自我介绍。

提示词:"请根据我的简历信息,生成一段 3-5 分钟的个人介绍。"

输出的部分内容示例:

> **DeepSeek:** "各位评委老师好,我叫张奋斗,是郑州大学计算机科学与技术专业的应届毕业生,GPA 3.8,排名专业前 5%。今天非常荣幸有机会向您展示我的学习与实践经历。
> 在校期间,我始终以扎实的计算机基础为核心,系统学习了数据结构、操作系统、数据库等核心课程。同时,通过三段高质量的实习经历,我积累了丰富的工程经验。在华为技术有限公司担任 Java 后端开发实习生期间,我参与了日均 50 万+请求的业务系统开发,通过优化数据库索引和 SQL 语句,将关键接口的响应时间从 800ms 降至 200ms;此外,我设计的分布式任务调度模块提升了系统 30% 的吞吐量。在字节跳动实习期间,我使用 Golang 重构推荐系统的核心算法模块,使 QPS 提升 40%,并通过 Kafka 消息队列实现了每秒 5 万+事件的实时热点追踪功能。
> 除了大厂实习,我曾在郑州智云科技独立完成企业 OA 系统的 6 个核心模块开发,实现了 SSO 单点登录系统,支持 2000+用户并发访问,并将千万级数据的 MySQL 查询效率提升了 3 倍。这些经历让我对高并发、分布式架构有了深刻理解。"
> ……

生成的自我介绍如图 6-16 所示。

图 6-15　上传简历文件

图 6-16　生成个人介绍

步骤03 生成高频面试。

提示词："我要面试 Java 后端开发的岗位，请结合简历信息与岗位需求，生成 10 道高频面试笔试题。"

输出内容示例：

> **DeepSeek：**
> 一、Java 基础与框架
> HashMap 底层实现原理是什么？在 JDK1.8 中如何解决哈希冲突？
> （考查 Java 集合框架底层原理）
> Spring Boot 自动配置是如何实现的？请结合 @SpringBootApplication 注解说明。
> （考查 Spring Boot 核心机制）
> 你在华为实习时优化 SQL 将响应时间从 800ms 降至 200ms，具体采用了哪些优化策略？是否遇到过索引失效的情况？
> （结合简历考查数据库优化实战经验）
> 二、并发与分布式
> 如何用 Redis 实现分布式锁？需要考虑哪些问题（如死锁、锁续期）？
> （结合简历中的 Redis 使用经验）
> 你在字节跳动使用 Kafka 处理每秒 5 万+事件消息，Kafka 如何保证消息不丢失？如果消费者处理失败，如何实现重试机制？
> （考查消息队列的高可用设计）
> 设计一个分布式任务调度系统时，如何保证任务不会被重复执行？
> （结合华为实习的分布式任务调度模块设计）
> 三、系统设计与场景题
> 你的在线教育平台 QPS 达到 1200+，如果流量突然增长 10 倍，系统可能遇到哪些瓶颈？如何扩容和优化？
> （考查高并发系统设计能力）
> 设计一个短链生成服务，需支持高并发和低延迟，请简述技术方案（如哈希算法、缓存策略、数据库分表等）。
> （结合 MySQL 分表经验和 Redis 优化能力）
> 四、代码与测试
> 编写一个线程安全的单例模式，并解释双重检查锁中 volatile 关键字的作用。
> （考查多线程编程与设计模式）
> 你在华为实习时单元测试覆盖率达 85%，如何设计针对 RESTful API 的单元测试？如果依赖外部服务（如数据库），如何 Mock？
> （结合代码质量与测试经验）
> 附加建议
> 开放性问题：面试官可能会追问你的项目细节（如"在线教育平台的实时聊天功能如何保证消息可靠性？"），建议提前复盘项目技术难点。
> 算法题：准备常见算法题（如 LRU 缓存实现、二叉树遍历），力扣中等难度题目为主。

6.4.2 会议纪要自动提炼与分发实战案例

在日常工作中，会议是不可或缺的一环。然而，会议结束后，整理会议纪要常常成为一项既耗时又烦琐的任务。值得庆幸的是，随着人工智能技术的飞速进步，可以借助一些高效智能的工具来自动化完成这一过程。这些工具能够大大减轻我们的工作负担，提高会议纪要的整理效率，让我们能够更加专注于会议内容的本身及其后续的执行与跟进。

下面将举办一场虚拟会议，会议内容主要是探讨"哪吒2爆火后的联动与营销"。参会人员如下：
- 哪吒（虚拟代表，由市场部经理扮演）。
- 敖丙（虚拟代表，由品牌合作部经理扮演）。
- 李靖（虚拟代表，由CEO扮演）。
- 殷夫人（虚拟代表，由公关部经理扮演）。
- 饺子导演（特邀嘉宾）。
- 市场营销团队核心成员。

步骤01 将会议的录音转换为文本内容，可以借助一些AI工具，如讯飞文书、飞书妙记等。

这里以讯飞文书为例，访问网址 https://gw.iflydocs.com/，如图6-17所示。

图6-17 讯飞文书页面

步骤02 使用手机号登录后，新用户可以免费获取两小时的录音文时长。单击"录音智记→上传录音"按钮，将录音文件上传，等待文件转换后，即可打开转换后的文件查看文字内容，将转换后的文字内容保存到Word文档中，如图6-18所示。

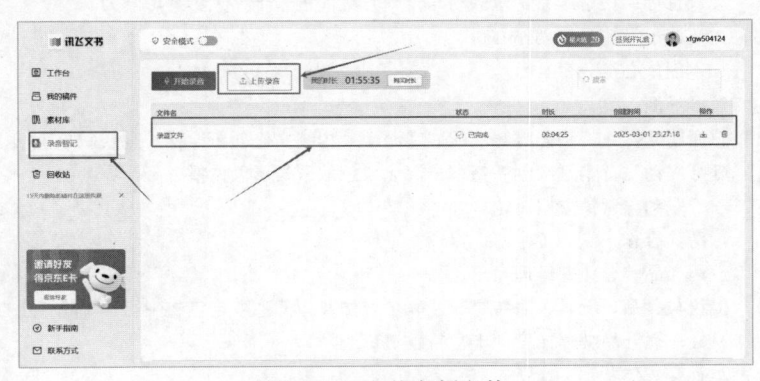

图6-18 上传音频文件

步骤03 使用DeepSeek将转换后的文字内容分析、提取，生成会议纪要。

提示词："请分析上面的文字内容，帮我整理出一份完整清晰的会议纪要。"如图6-19所示。

127

图 6-19　DeepSeek 生成会议纪要

输出内容示例：

> DeepSeek：会议纪要
> 会议主题：哪吒 2 爆火后的联动与营销策略讨论
> 会议时间：2025 年 3 月 1 日 14:00-16:00
> 会议地点：虚拟会议室
> 参会人员
> 哪吒（虚拟代表，市场部经理扮演）
> 敖丙（虚拟代表，品牌合作部经理扮演）
> 李靖（虚拟代表，CEO 扮演）
> 殷夫人（虚拟代表，公关部经理扮演）
> 饺子导演（特邀嘉宾）
> 市场营销团队核心成员
> 会议主持：李靖（CEO）
> 会议记录人：×××
> 一、开场致辞
> 李靖（CEO）：
> 强调哪吒 2 作为公司旗舰作品的成功（国内及国际市场）。
> 会议目标：集思广益制定联动与营销方案，进一步扩大影片影响力。
> 邀请饺子导演分享创作心得。
> 二、创作心得分享
> 饺子导演：
> 感谢团队协作，指出哪吒 2 的成功源于"传统文化创新诠释 + 现代叙事手法"。
> 呼吁联动与营销延续创新精神，深化角色故事与形象传播。
> 三、联动与营销方案讨论
> 1. 跨界合作
> 敖丙（品牌合作部经理）：
> 提议与食品、玩具、服装等行业联名合作（如蒙牛限定包装牛奶、哪吒 2 手办）。
> 目标：提升品牌曝光度，丰富粉丝消费选择。
> 2. 社交媒体营销
> 殷夫人（公关部经理）：
> 聚焦微博、微信、抖音等平台，发布幕后故事、角色海报、配音花絮等内容。
> 发起话题挑战（如用户创作与分享），推动病毒式传播。
> 3. 主题展览与活动
> 哪吒（市场部经理）：

> **DeepSeek：** 规划全国城市主题展览，展示美术设计、特效制作等内容。
> 线下活动：快闪店、观影会、cosplay，增强粉丝沉浸体验。
> 4. 文化衍生品开发
> 市场营销团队：
> 开发十大类衍生品（潮玩、手办、卡牌等），覆盖不同消费层级。
> 策略：限量签名卡、众筹专属权益，打造"购买即应援"的粉丝经济模式。
> 四、总结与下一步计划
> 李靖（CEO）：
> 方案整合：市场营销团队需尽快提交详细策划案，明确责任人及时间节点。
> 合作沟通：加强跨部门及外部合作伙伴的协作，推动方案落地。
> 目标展望：通过多维度策略，持续扩大哪吒 2 影响力，助力更辉煌的成绩。
> 五、会议结束
> 李靖（CEO）：
> 要求全员会后深入思考，积极贡献资源与创意。
> 会议于 16:00 正式结束。
> 备注：会议记录已核实并整合重复内容，确保时间、议程及关键信息准确无误。

6.4.3 跨文化商务邮件优化策略实战

在全球化浪潮的推动下，商务合作已经突破了地域的界限。作为国际沟通的桥梁，商务邮件在促进合作与交流中发挥着举足轻重的作用。然而，语言差异成为跨文化交流中的一大挑战。为了确保信息能够准确无误地传达，避免因语言障碍而产生的误解，专业的翻译服务显得尤为重要。

案例目标：作为一个外贸沟通人员，需要向你的德国客户克劳斯发送一份邮件，提醒它要在周五之前签署合同。

优化前：

"Hi Klaus, We need the contract signed by Friday. Thanks."

提示词："作为外贸联络人，我需要使用英文向德国客户克劳斯发送一封邮件，目的是礼貌且明确地告知他本周五前需要签署合同。

（1）使用正式且友好的语气：德国文化重视正式和礼貌，因此邮件开头应使用适当的称呼，如"尊敬的克劳斯先生"，并在邮件中保持礼貌和尊重。

（2）明确表述截止日期：清晰、直接地说明合同签署的截止日期是本周五，避免使用可能引起歧义的表述。

（3）提供必要的协助：表示如果克劳斯在签署过程中有任何疑问或需要帮助，您愿意提供协助。

（4）表达感谢和期待：感谢克劳斯的合作，并表达对未来合作的期待。

（5）检查语法和拼写：确保邮件内容语法正确，拼写无误，以展现您的专业性。

根据以上提示，进行邮件的编写。"

进行跨文化邮件编写的界面如图 6-20 所示。

> 我是 DeepSeek，很高兴见到你！
>
> 我可以帮你写代码、读文件、写作各种创意内容，请把你的任务交给我吧～
>
> 作为外贸联络人，我需要向德国客户克劳斯发送一封邮件，目的是礼貌且明确地告知他本周五前需要签署合同。在编写邮件时，请：
> (1) 使用正式且友好的语气：德国文化重视正式和礼貌，因此邮件开头应使用适当的称呼，如"尊敬的克劳斯先生"，并在邮件中保持礼貌和尊重。
> (2) 明确表述截止日期：清晰、直接地说明合同签署的截止日期是本周五，避免使用可能引起歧义的表述。
> (3) 提供必要的协助：表示如果克劳斯在签署过程中有任何疑问或需要帮助，您愿意提供协助。
> (4) 表达感谢和期待：感谢克劳斯的合作，并表达对未来合作的期待。
> (5) 检查语法和拼写：确保邮件内容语法正确，拼写无误，以展现您的专业性。
> 根据以上提示，进行邮件的编写。

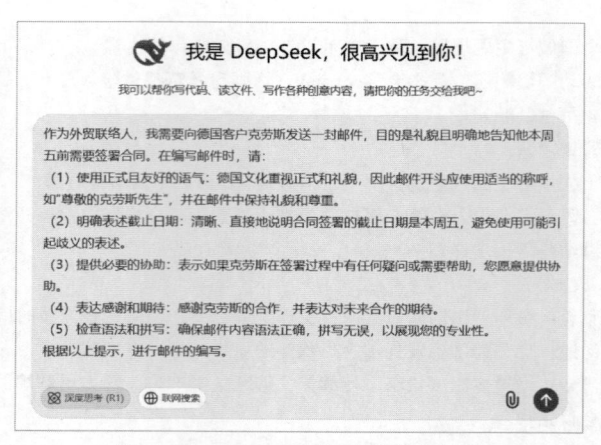

图 6-20　DeepSeek 生成跨文化邮件

输出内容示例：

> DeepSeek: Dear Mr. Klaus,
>
> I hope this email finds you well.
>
> I am writing to kindly remind you that the signed contract must be finalized and returned to us by this Friday, [insert date: e.g., 20 October 2023]. To ensure a smooth process, please review the document at your earliest convenience and let us know if any adjustments are needed.
>
> Should you have questions or require further clarification regarding the terms, please do not hesitate to reach out. We are happy to assist in any way possible to expedite the signing process.
>
> Thank you for your prompt attention to this matter. We truly value our partnership and look forward to continuing our successful collaboration.
>
> Warm regards,
>
> [Your Full Name]
>
> [Your Job Title]
>
> [Company Name]
>
> [Contact Information]
>
> [Website]

第 7 章
商业营销文案与品牌传播的制胜法宝

本章概述

本章将深入探索商业营销文案的创作精髓与策略深度,同时揭示 DeepSeek 在品牌传播领域的革新实践与实战技巧。我们的目标是为读者提供一套高效的方法论,助力营销人员在激烈的市场竞争中设计出更具创意的营销文案,提升品牌影响力。

首先,剖析营销文案的重要性,强调精准定位、创意表达与情感共鸣对吸引受众、促进转化的作用,并解读结合品牌定位、市场趋势与消费者心理的营销策略。

接着,介绍 DeepSeek 在品牌传播中的革新应用,展示其如何生成创意、贴合品牌且有效触达受众的文案,提升传播效率与效果。

深化实战部分,探讨 DeepSeek 在市场趋势分析中的妙用,结合市场趋势制定前瞻性营销策略,并解析社交媒体与品牌传播的融合策略。

为巩固技能,设计 3 个实战项目:节日促销文案生成、AI 辅助竞品分析、直播带货话术创作。通过这些项目,读者将学会利用 DeepSeek 提升文案创意与工作效率。

通过本章的学习,读者将理解营销文案与品牌传播的价值,明确 DeepSeek 的优势,并掌握高效运用 DeepSeek 的方法,实现营销文案与品牌传播的飞跃。

知识导读

本章要点(已掌握的在方框中打钩)
- ☐ 了解商业营销文案的创作精髓。
- ☐ 认识 DeepSeek 在品牌传播中的革新应用。
- ☐ 学习 DeepSeek 如何快速生成节日促销爆款文案。
- ☐ 掌握 DeepSeek 分析竞品分析报告的技巧。
- ☐ 掌握 DeepSeek 编写直播带货话术的技巧。

在当今竞争日益激烈且瞬息万变的市场环境中,商业营销文案与品牌传播已成为企业脱颖而出、赢得市场青睐的至关重要的因素。优秀的营销文案不仅能够准确无误地传达产品的核心价值和独特卖点,更能以深情细腻的语言触动消费者的内心,从而激发他们的购买热情与欲望；品牌传播的过程，宛若一位技艺精湛的大师雕琢雕塑般细腻入微，随着对每个细节的精心修饰与打磨，品牌形象得以不断提升，品牌在消费者心中的认知度和美誉度日益增强，为企业在波涛汹涌的市场竞争中筑起了一道坚不可摧的堡垒。

因此，企业必须给予商业营销文案创作与品牌传播策略规划充足的重视。在文案创作上，要追求创新与独特，不断挖掘新的表达方式和视角，让文案如磁石般吸引消费者的目光，留下深刻的印象。在品牌传播上，要注重策略性与前瞻性的结合，充分利用多元化、多渠道的传播平台，将品牌形象和理念广泛而深入地传递给每位潜在消费者。

同时，企业还需要对市场动态和消费者的需求保持敏锐洞察力，及时对营销文案与传播策略进行调整和优化，从而确保企业与市场同步，与消费者紧密相连。唯有如此，企业方能在激烈的市场竞争中傲然挺立，实现可持续的繁荣发展。

7.1　商业营销文案的创作精髓与策略深度解读

商业营销文案，作为品牌与消费者之间沟通的桥梁，其创作之精髓在于精准定位、情感共鸣与创意表达的完美融合。首先，营销文案需要深入洞察目标受众，精准把握他们的需求与痛点，据此制定出切实可行的传播策略，确保信息可以直达人心。其次，运用情感化的语言，细腻描绘，触动消费者内心深处的柔软之处，建立起品牌与消费者之间的情感纽带。最后，创意乃是文案之灵魂，以独特的视角审视世界，以新颖的表达方式诉说故事，让文案在纷繁复杂的信息海洋中脱颖而出，熠熠生辉。

7.1.1　创作精髓

1. 精准定位：洞察目标受众，制定针对性策略

在商业营销文案的创作中，精准定位是首要任务。这意味着我们需要深入了解目标受众的需求、偏好、痛点及消费习惯，从而制定出切实可行的传播策略。

案例解析：

以某高端护肤品品牌为例，其目标受众为追求品质生活、注重肌肤保养的女性消费者。该品牌在文案创作中，始终围绕"高端、品质、专业"这一核心定位，通过科学分析目标受众的肌肤问题（如干燥、细纹、暗沉等），针对性地提出解决方案，并在文案中强调产品的独特卖点和专业背书（如采用先进科技、天然成分、皮肤科医生推荐等），有效吸引了目标受众的注意并建立了信任感。

2. 情感共鸣：触动内心柔软，建立情感联系

情感共鸣是商业营销文案的又一重要元素。通过运用情感化的语言，细腻描绘目标受众的生活场景和情感需求，可以有效触动他们内心的柔软之处，建立起品牌与消费者之间的情感联系。

案例解析：

某咖啡品牌在其营销文案中并没有直接宣扬咖啡的口感和品质，而是从消费者的情感需求出发，讲述了一个关于"陪伴"的故事。文案中描述了主人公在忙碌的工作之余，一杯温暖的咖啡如何成为他/她放松心情、享受片刻宁静的伴侣。这种情感化的表达方式，不仅让消费者感受到了品牌的温度，更让他们在心中产生了共鸣，从而加深了对品牌的认知和好感。

3. 创意表达：独特视角审视，新颖方式诉说

创意是商业营销文案的灵魂。在信息爆炸的时代，只有独特的视角和新颖的表达方式，才能让文案在众多信息中脱颖而出，吸引消费者的眼球。

案例解析：

某服装品牌在一次新品发布中，没有采用传统的模特走秀或产品展示方式，而是通过一系列富有创意的短视频，展现了不同身份、不同性格的人物穿着该品牌服装的多样风貌。这些短视频不仅展示了服装的款式和风格，更通过人物的故事和情感，传递了品牌的核心价值观和时尚态度。这种新颖的表达方式，不仅吸引了消费者的关注，更激发了他们的购买欲望。

4. 策略融合：精准定位 + 情感共鸣 + 创意表达

在实际操作中，精准定位、情感共鸣和创意表达并不是孤立的，而是需要相互融合、相互支撑的。只有将这三者有机结合，才能创作出既符合目标受众需求又能触动他们内心，还具有独特创意的营销文案。

案例解析：

以某智能家居品牌为例，其在推广一款智能音箱时，首先通过市场调研精准定位了目标受众（科技爱好者、追求便捷生活的年轻家庭等），然后围绕"便捷、智能、生活品质提升"这一核心主题，创作了一系列富有创意的文案和短视频。文案中不仅详细介绍了智能音箱的功能和优势（如语音控制、音乐播放、智能家居互联等），还通过情感化的语言描绘了智能音箱如何为家庭生活带来便捷和乐趣（如早晨唤醒家人、晚上营造温馨氛围等）。同时，该品牌还通过独特的视角（如从孩子的角度出发讲述智能音箱的趣味性）和新颖的表达方式（如采用动画、漫画等形式展示产品特点）吸引了更多消费者的关注。

7.1.2 策略深度解读

1. 差异化策略

在竞争激烈的市场环境中，差异化是品牌脱颖而出的关键。文案作为品牌传播的前沿阵地，必须突出品牌的独特卖点或优势，与竞争对手形成鲜明区隔。

- 突出创新点：文案应聚焦于产品的创新特性，如新技术、新材料、新功能等，让消费者感受到品牌的前瞻性和领先性。例如，某智能手机品牌在宣传其新款手机时，强调其"折叠屏"技术，瞬间吸引了大量科技爱好者的关注。
- 强调服务特色：除了产品本身，品牌的服务也是差异化竞争的重要一环。文案可以通过讲述品牌提供的独特服务体验，如定制化服务、快速响应机制等，来增强消费者的购买意愿。
- 传递品牌理念：品牌理念是品牌的灵魂，也是差异化竞争的核心。文案应深入挖掘并传递品牌的独特价值观和文化内涵，让消费者在情感上与品牌产生共鸣。

2. 情感营销策略

情感是消费者决策的重要因素之一。文案运用情感化的语言，能够触动消费者的内心，建立品牌与消费者之间的深厚情感纽带。
- 传递正能量：在文案中融入正能量元素，如励志故事、感人瞬间等，能够激发消费者的积极情感，提升品牌形象。例如，某运动品牌在宣传其运动鞋时，讲述了一位普通跑者通过坚持跑步改变生活的真实故事，深深打动了无数消费者。
- 展现关爱与温暖：在文案中展现品牌对消费者的关爱与温暖，能够增强消费者的归属感和忠诚度。例如，某母婴品牌在宣传其婴儿用品时，强调"给宝宝最温柔的呵护"，让家长们感受到了品牌的用心与责任。
- 引发情感共鸣：文案应深入挖掘消费者的情感需求，通过讲述与消费者生活息息相关的故事或场景，引发他们的情感共鸣。例如，某咖啡品牌在宣传其新品时，以"一杯咖啡，一段回忆"为主题，勾起了无数消费者对美好时光的怀念。

3. 互动营销策略

在社交媒体和数字化时代，互动成为品牌营销的重要手段。文案需要引导消费者参与互动，增加品牌的曝光度和传播力。
- 设置话题与提问：文案可以通过设置热门话题或以提问的方式，激发消费者的参与热情。例如，某服装品牌在社交媒体上发起"#我的时尚态度#"话题挑战，邀请消费者分享自己的穿搭照片和时尚观点，成功吸引了大量用户的关注和参与。
- 发起挑战活动：挑战活动是一种极具互动性的营销方式。文案可以设计一些有趣、易参与的挑战任务，鼓励消费者尝试并分享自己的成果。例如，某运动品牌发起"#30天健身挑战#"活动，邀请消费者记录自己的健身过程并分享到社交媒体上，有效提升了品牌的曝光度和用户黏性。
- 引导评论与分享：文案应巧妙引导消费者进行评论和分享，扩大品牌的传播范围。例如，某美食品牌在宣传其新品时，可以邀请消费者留言分享自己的美食体验或推荐搭配方案，从而激发更多用户的参与和讨论。

7.2 DeepSeek 在品牌传播中的革新实践案例

DeepSeek 等 AI 工具在营销文案和品牌传播中发挥着越来越重要的作用。它不仅提高了文案创作的效率和个性化水平，还优化了文案效果和传播策略。对于品牌而言，借助 DeepSeek 的力量，可以更好地与目标受众建立情感连接，提升品牌形象和认知度，实现品牌传播的最大化效果。

7.2.1 创意广告文案生成与优化实战秘籍

1. 产品推广文案

模板示例：

"请为 [产品名称] 撰写一篇推广文案，要求突出其 [核心卖点]，并吸引 [目标受众] 的注意。文案风格需符合 [风格要求]。"

案例说明：

假设需要为一款新型智能音箱推广，可以使用以下指令：

"请为'智能音乐精灵'音箱撰写一篇推广文案，要求突出其高清音质、智能语音助手和便携设计等特点，并吸引年轻音乐爱好者的注意。文案风格需符合时尚、活泼的要求。"

DeepSeek 可能会生成如下文案：

> DeepSeek： "智能音乐精灵，让音乐随心而动！高清音质，还原每一个音符的细腻；智能语音助手，只需一句话，就能掌控音乐世界；便携设计，随时随地，音乐与你同在。年轻的音乐爱好者们，快来体验智能音乐精灵带来的无限乐趣吧！"

2. 活动宣传文案

模板示例：

"请为 [活动名称] 撰写一篇宣传文案，要求介绍 [活动内容]，并激发 [目标受众] 的参与热情。文案需包含 [号召行动]。"

案例说明：

假设需要为一场线上音乐会宣传活动，可以使用以下指令：

"请为'云端音乐盛宴'线上音乐会撰写一篇宣传文案，要求介绍音乐会的精彩节目、明星阵容和互动环节，并激发音乐爱好者的参与热情。文案需包含'立即抢票'的号召行动。"

DeepSeek 可能会生成如下文案：

> DeepSeek： "云端音乐盛宴，即将震撼开启！精彩节目轮番上演，明星阵容璀璨夺目，互动环节让你与偶像近距离接触。音乐爱好者们，不要错过这场视听盛宴！立即抢票，让我们一起在云端享受音乐的魅力吧！"

3. 品牌故事文案

模板示例：

"请为 [品牌名称] 撰写一篇品牌故事文案，要求讲述 [品牌起源]、[品牌理念] 和 [品牌成就]。文案需体现 [品牌特色]，并引发读者的共鸣。"

案例说明：

假设需要为一家专注于环保家居用品的品牌撰写品牌故事，可以使用以下指令：

"请为'绿色家园'品牌撰写一篇品牌故事文案，要求讲述品牌的起源、环保理念和在环保家居用品领域的成就。文案需体现品牌对环保的执着追求，并引发读者对环保生活的共鸣。"

DeepSeek 可能会生成如下文案：

> **DeepSeek：** "在追求舒适生活的同时，我们从未忘记对地球的关爱。绿色家园，一个诞生于对环保深刻理解的家居用品品牌，始终秉持'绿色生活，从我做起'的理念。从最初的创意萌芽，到如今在环保家居用品领域的卓越成就，我们一直在努力为每一个家庭带来既实用又环保的家居用品。绿色家园，让环保成为生活的一部分，让我们一起为地球的未来贡献一份力量吧！"

4. 社交媒体互动文案

模板示例：

"请为 [社交媒体平台] 撰写一篇互动文案，要求围绕 [话题] 展开，并激发 [目标受众] 的参与和讨论。文案需包含 [互动问题] 或 [话题标签]。"

案例说明：

假设需要在微博上围绕"健康生活"话题展开互动，可以使用以下指令：

"请为微博平台撰写一篇关于'健康生活'的互动文案，要求激发年轻人对健康生活的关注和讨论。文案需包含'#健康生活打卡#'话题标签和一个互动问题。"

DeepSeek 可能会生成如下文案：

> **DeepSeek：** "健康是幸福生活的基石！#健康生活打卡# 你今天做了什么健康小事呢？是坚持晨跑、健康饮食，还是做了瑜伽放松身心？快来分享你的健康生活小秘诀吧！让我们一起追求更健康、更美好的生活！"

DeepSeek 作为一款前沿的 AI 创意工具，凭借其卓越的自然语言处理能力，能够精准捕捉不同需求和场景下的营销精髓，生成高度定制化且富有创意的营销文案。无论是产品推广、活动宣传、品牌故事讲述，还是社交媒体互动，DeepSeek 都能以独特的视角和精准的表达，为营销活动增添无限魅力。

7.2.2 产品描述吸引力提升技巧大放送实战

1. 突出产品核心卖点

模板示例：

"请为 [产品名称] 撰写一段产品描述，要求突出其核心卖点 [卖点 1]、[卖点 2] 和 [卖点 3]，并吸引 [目标受众] 的注意。描述需简洁明了，易于理解。"

案例说明：

假设需要为一款高端智能手环撰写产品描述，可以使用以下指令：

"请为'智能健康守护者 X9'手环撰写一段产品描述，要求突出其全天候心率监测、精准睡眠分析以及长达两周的续航能力等核心卖点，并吸引健康意识强的消费者的注意。描述需简洁明了，易于理解。"

DeepSeek 可能会生成如下文案：

> **DeepSeek:** "智能健康守护者 X9 手环,您的私人健康管家!全天候心率监测,实时守护您的健康;精准睡眠分析,让您了解每晚的睡眠质量;长达两周的续航能力,无须频繁充电,轻松应对日常生活。健康意识强的您,怎能错过这款智能手环?"

2. 营造场景化体验

模板示例:

"请为 [产品名称] 构思一段场景化描述,要求将产品融入 [具体场景] 中,展现其使用效果和便捷性。描述需富有画面感,激发消费者的购买欲望。"

案例说明:

假设需要为一款便携式咖啡机撰写产品描述,可以使用以下指令:

"请为'旅行咖啡大师'便携式咖啡机构思一段场景化描述,要求将产品融入旅行场景中,展现其在旅途中也能轻松享受美味咖啡的便捷性。描述需富有画面感,激发消费者的购买欲望。"

DeepSeek 可能会生成如下文案:

> **DeepSeek:** "智能健康守护者 X9 手环,您的私人健康管家!全天候心率监测,实时守护您的健康;精准睡眠分析,让您了解每晚的睡眠质量;长达两周的续航能力,无须频繁充电,轻松应对日常生活。健康意识强的您,怎能错过这款智能手环?"

3. 强调用户评价与口碑

模板示例:

"请为 [产品名称] 撰写一段包含用户评价和口碑的产品描述,要求引用 [具体用户评价] 或 [权威机构认证],增强产品的可信度和吸引力。描述必须真实可信,避免夸大其词。"

案例说明:

假设需要为一款新款护肤品撰写产品描述,可以使用以下指令:

"请为'青春之泉'新款护肤品撰写一段包含用户评价和口碑的产品描述,要求引用真实用户的使用感受和权威机构的认证信息,增强产品的可信度和吸引力。描述必须真实可信,避免夸大其词。"

DeepSeek 可能会生成如下文案:

> **DeepSeek:** "'青春之泉'新款护肤品,让您重焕肌肤活力!众多真实用户反馈,使用后面部肌肤更加细腻光滑,肤色均匀透亮。同时,该产品已获得权威机构的认证,确保其安全性和有效性。选择'青春之泉',让您的肌肤焕发自然光彩,重拾年轻自信!"

7.3 DeepSeek 在市场趋势分析报告中的妙用实战

1. 实时跟踪市场动态

DeepSeek 能够实时跟踪市场动态,包括市场规模、增长率、竞争格局等信息。这为平台提供了及时、准确的市场数据，有助于平台快速响应市场变化。

案例：某电商平台利用 DeepSeek 实时跟踪智能家居市场的动态。在 DeepSeek 的帮助下，该平台发现智能家居市场规模持续扩大，增长率远高于传统家电市场。同时，竞争格局也在不断变化，新兴品牌不断涌现，传统品牌也在加速转型。基于这些信息，该平台迅速调整策略，加大智能家居产品的引入和推广力度，成功抓住了市场机遇。

2. 深入分析消费者需求

通过深度学习和数据挖掘技术，DeepSeek 能够准确分析消费者的购买历史、浏览行为，以及社交媒体评论等数据，揭示消费者的需求和偏好变化。这为平台提供了有价值的市场洞察，有助于平台优化产品线和提升用户体验。

案例：一家时尚电商平台通过 DeepSeek 深度分析消费者的购买历史和浏览行为。DeepSeek 发现，年轻消费者越来越注重服装的个性化和时尚感，而中老年消费者则更注重服装的舒适度和品质。基于这些洞察，该平台针对不同消费群体推出了差异化的产品线，并优化了推荐算法，使消费者能够更容易地找到符合自己需求的商品，从而提升了用户满意度和购买转化率。

3. 全面监控竞争对手

DeepSeek 能够全面监控竞争对手的市场数据、产品、价格及渠道等信息。通过对这些数据的深度挖掘和分析，平台能够了解竞争对手的优势和劣势，从而制定有针对性的竞争策略。

案例：一家在线教育平台利用 DeepSeek 全面监控竞争对手的市场数据、产品、价格及渠道等信息。DeepSeek 分析显示，某竞争对手近期推出了针对小学生的在线编程课程，并获得了良好的市场反馈。该平台迅速响应，推出了类似课程，并加大了在社交媒体和搜索引擎上的广告投放力度，成功吸引了大量潜在用户。同时，该平台还通过 DeepSeek 分析了竞争对手的定价策略，确保了自身产品的竞争力。

4. 预测市场趋势

基于历史市场数据和当前市场动态，DeepSeek 能够预测未来市场发展方向和趋势。这为平台提供了有价值的市场预测和决策支持，有助于平台提前布局未来市场，赢得市场竞争的先机。

案例：一家新能源汽车制造商利用 DeepSeek 预测未来市场的发展趋势。DeepSeek 基于历史市场数据和当前市场动态，预测未来几年新能源汽车市场将持续快速增长，消费者对续航里程、充电便利性及智能化配置的需求将不断提升。基于这些预测，该平台加大了在电池技术、充电设施及智能化技术方面的研发投入，并提前布局了未来市场，成功赢得了市场竞争的先机。同时，该平台还根据 DeepSeek 的预测结果，优化了生产计划和销售策略，确保了产品的市场竞争力。

7.4 社交媒体内容创作与品牌传播的深度融合策略解析

社交媒体内容创作与品牌传播策略的深度整合，是强化品牌影响力、深化用户连接的核心驱动力。这一策略不仅要求内容创新与品牌价值的紧密融合,还需确保在瞬息万变的社交媒体环境中保持高度的用户吸引力和参与度,从而构建稳固且活跃的用户社群。

1. 品牌定位与受众洞察的深化

- 精准品牌定位:明确并强化品牌的核心价值、个性与差异化优势,确保所有内容创作与传播活动均围绕这一中心展开。
- 深度受众分析:运用大数据和 AI 技术,深入剖析目标受众的兴趣偏好、行为习惯及情感需求,为个性化内容创作提供数据支持。

案例:星巴克的"第三空间"理念

星巴克通过"第三空间"理念,将自己定位为除了家和办公室之外的休闲社交场所。品牌深入了解目标受众(主要是年轻的城市白领和咖啡爱好者)对品质生活、社交互动的需求,因此,在社交媒体上发布的内容多围绕咖啡文化、生活方式、社交场景等,成功吸引了大量粉丝的关注。

2. 内容创新与品牌叙事的融合

- 多元化内容形式:结合图文、视频、直播、互动游戏等多种媒介形式,打造富有创意、引人入胜的内容体验。
- 品牌故事化:通过讲述品牌背后的故事、价值观及社会责任,构建情感共鸣,增强用户对品牌的认知与认同。
- 热点与趋势结合:紧跟时事热点、行业动态与流行文化,巧妙融入品牌元素,提升内容的时效性与话题性。

案例:可口可乐的"Share a Coke"活动。

可口可乐通过在瓶身上印制消费者的名字,并借助社交媒体平台发起"Share a Coke"活动,鼓励用户分享自己的定制可乐。这一活动不仅创造了有价值的内容,还激发了用户的参与热情和分享欲望,有效提升了品牌曝光度和用户参与度。

3. 社交媒体功能的最大化利用

- 精准广告投放:利用社交媒体平台的广告系统,实现基于用户画像的精准触达,提高广告效率与 ROI。
- 社群管理与互动:建立并维护品牌社群,通过定期内容更新、活动组织与用户互动,增强用户黏性。
- 数据分析与优化:运用社交媒体内置的数据分析工具,持续监测内容表现、用户行为,及时调整策略以优化传播效果。

案例:华为 P 系列手机与书店的跨界合作。

华为 P 系列手机联合多家书店进行跨界传播推广活动,通过拍摄绚丽夜景照片换取咖啡的方式吸引用户参与。活动过程中,品牌充分利用了社交媒体平台的传播优势,通过微博、微信等渠道进行广泛宣传,有效提升了品牌知名度和影响力。

4. KOL 与网红合作策略升级

- 精选合作对象:选择与品牌调性相符、影响力广泛且受众匹配的 KOL/网红,确保合作内容的真实性和影响力。

- 合作形式创新：探索直播带货、联名产品、线下体验活动等新颖合作形式，增加品牌曝光与用户体验的深度。

案例：完美日记与 KOL/网红合作。

完美日记通过与多位美妆 KOL 和网红合作，不仅进行产品推广，还邀请他们参与品牌活动、直播带货等，形成了全方位的品牌曝光。此外，完美日记还通过 KOL/网红与用户进行互动，收集用户反馈，不断优化产品和服务，增强了用户与品牌的连接。

5. 用户反馈与互动机制强化

- 即时响应机制：建立快速响应团队，对用户评论、私信等反馈进行即时回复，展现品牌的专业与关怀。
- 用户共创内容：鼓励并奖励用户生成内容（UGC），通过挑战赛、话题讨论等形式，激发用户的参与热情，增强品牌与用户的互动。

案例：小米社区与用户互动。

小米通过建立小米社区，为用户提供了一个交流、分享、反馈的平台。品牌定期在社区中发布新品信息、技术教程、用户故事等内容，同时积极回应用户的反馈和建议。这种互动机制不仅增强了用户的归属感，还为品牌提供了宝贵的用户洞察。

6. 个性化服务与体验定制

- 个性化推荐系统：运用 AI 算法，根据用户历史行为，提供个性化内容推荐与产品服务，提升用户体验。
- 会员专享福利：设立会员制度，提供专属优惠、优先体验等会员特权，增强用户忠诚度。

案例：亚马逊个性化推荐系统。

亚马逊通过先进的 AI 算法，根据用户的浏览历史、购买记录等信息，为用户提供个性化的商品推荐。这种个性化服务不仅提升了用户体验，还增加了用户的购买意愿和忠诚度。

7.5 实战案例精选

在当今这个快速发展的时代，DeepSeek 作为一款备受关注的 AI 大模型，正以其非凡的应用潜力引领着技术与效率的新潮流。掌握并有效利用这一先进工具，对于提升用户的工作效率、强化个人能力，有着举足轻重的意义。接下来，将借助一系列生动且富有启发性的真实案例，细致剖析 DeepSeek 如何助力用户迅速实现任务目标，从而在激烈的职场竞争中显著提升个人竞争力。

7.5.1 节日促销爆款文案一键生成实战

作为一名营销人员，深知打造一款爆款文案的重要性。借助 DeepSeek 这样的 AI 工具，能精准分析目标客户，一键生成符合节日氛围的爆款文案，从而有效提升品牌知名度和销量，让营销活动更加高效有力。

案例背景：某家主营巧克力的商家希望在情人节期间推出一些营销活动，并设计相应的宣传文案来吸引目标客户群体——追求浪漫氛围的年轻情侣。

步骤01 分析用户画像，输入"情人节套餐""年轻情侣"和"巧克力"等关键词，分析目标客户画像。

提示词："请根据'情人节套餐''巧克力''年轻情侣'等关键词进行用户画像分析。"如图7-1所示。

图7-1　DeepSeek根据关键词进行用户画像分析

输出内容示例：

> DeepSeek：用户画像分析（基于关键词：情人节套餐、巧克力、年轻情侣）
> 1. 人口统计特征
> 年龄：18-30岁，以大学生、职场新人为主，处于恋爱或稳定关系阶段。
> 性别：男女比例均衡，女性可能更关注仪式感，男性更倾向主动策划。
> 收入水平：学生群体预算有限（人均消费100-300元），职场新人可接受中高端消费（300-800元）。
> 地域：一二线城市为主，对网红打卡、精致体验接受度高。
> 2. 消费行为特征
> 节日驱动型消费：情人节是刚需场景，愿为仪式感溢价买单。
> 偏好组合套餐：
> 餐厅套餐：注重环境氛围（灯光、音乐、私密性）、菜品颜值（适合拍照）、附加服务（手写贺卡、玫瑰花、合影留念）。
> 巧克力礼盒：倾向知名品牌（Godiva、费列罗）、创意设计（心形、定制刻字）、联名款（IP合作、盲盒形式）。
> 决策链路短：依赖社交媒体推荐（小红书、抖音）、朋友口碑，倾向提前1-2周预订/购买。
> 渠道偏好：
> 线上：美团/大众点评预订套餐、电商直播抢购限定巧克力；
> 线下：网红餐厅、精品甜品店、商场快闪店。
> 3. 心理与价值观
> 情感表达优先：通过消费传递爱意，追求"惊喜感"与"独特性"。
> 例如：定制巧克力刻字、隐藏式告白礼物、套餐中的互动环节（DIY甜品）。
> 社交货币属性：体验需具备"可分享性"，如高颜值摆盘、网红打卡布景、品牌联名包装。
> 轻奢主义：学生追求"小而美"（平价但精致的巧克力礼盒），职场新人倾向"品质感"（米其林餐厅、进口巧克力）。

> DeepSeek：4. 需求痛点与机会点
> 痛点：
> 同质化严重：常规套餐缺乏新意，巧克力礼盒千篇一律；
> 性价比焦虑：担心高价体验不符预期（如餐厅份量少、服务差）；
> 决策压力：男性用户对挑选礼物/餐厅存在选择困难。
> 机会点：
> 差异化体验：推出"体验型套餐"（如双人烹饪巧克力课程+晚餐）；
> 情感增值服务：免费拍摄情侣拍立得、附赠未来约会券；
> 精准营销：针对男性推出"一键全包"礼包（餐厅+巧克力+鲜花），降低决策成本。
> 5. 典型用户场景
> 学生情侣 A：
> 预算 200 元，购买心形 DIY 巧克力套装（50 元）+ 平价西餐厅套餐（150 元），在小红书分享探店笔记。
> 职场情侣 B：
> 预订高端酒店烛光晚餐（600 元/人），搭配限量版星座主题巧克力礼盒（300 元），朋友圈晒出餐厅氛围感照片。
> 6. 营销策略建议
> 内容种草：与情侣类 KOL 合作，发布"情人节避坑指南""小众巧克力测评"等短视频。
> 场景化促销：推出"巧克力+套餐+电影票"联名礼券，绑定消费场景。
> 个性化服务：提供套餐预约时的"恋爱故事问卷"，定制专属菜单或桌卡。
> 即时满足：开通情人节当日闪送服务，解决"最后一刻"礼物需求。

DeepSeek 可以根据我们提供的关键字信息，从人口统计特征、消费行为特征、心理与价值观及营销策略建议等角度对用户画像进行全方位立体式的分析。基于用户画像就可以设计出更有针对性与侧重的营销文案。

步骤02 基于用户画像生成多种风格的宣传文案。

提示词："请基于用户画像，生成几条不同风格的具有针对性的促销文案，主要卖点是'巧克力'。"如图 7-2 所示。

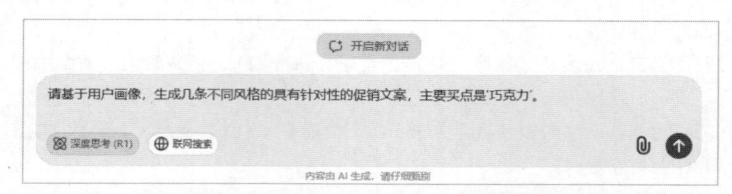

图 7-2 DeepSeek 基于用户画像生成不同风格的营销文案

输出内容示例：

> DeepSeek：1.【浪漫仪式感】- 针对追求"高颜值+社交分享"的情侣
> 「🍫 把爱写进每一颗心跳里」
> ▶ Godiva 限定情人节礼盒，鎏金玫瑰包装+可刻字爱心吊坠
> ▶ 附赠情侣专属拍立得拍摄券，记录微甜时刻
> ▶ 晒图@官微，抽 99 对送明年免费续签"爱情合约"
> ☞ "连巧克力都在说爱你，TA 怎能不心动？"

> **DeepSeek:**
>
> 2.【实用性价比】- 针对学生党/预算有限群体
> 「50 元搞定情人节仪式感！TA 夸你会选一整年」
> ▸ 爆款心形 DIY 巧克力套装（送贺卡+丝带）
> ▸ 第 2 份半价！宿舍也能布置的 mini 烛光晚餐指南
> ▸ 隐藏福利：下单备注暗号"双向奔赴"，随机塞进电影票/奶茶券
> ☞ "爱情不需要天价，真心+巧思=满分答案"
>
> 3.【趣味互动型】- 吸引爱玩梗、重体验的 Z 世代
> 「救命！这颗巧克力会"说话"！」
> ▸ 盲盒巧克力礼盒——掰开随机掉落土味情话/免生气券/家务兑换卡
> ▸ 挑战"喂 TA 吃巧克力蒙眼猜口味"，直播互动抽免单
> ▸ 限时加赠：吵架暂停符×1（真的能消音！）
> ☞ "爱情哪有那么复杂？吃颗巧克力，一键解压！"
>
> 4.【轻奢精致派】- 针对职场新人"品质党"
> 「法国空运黑巧+私人调香师服务=成年人的浪漫」
> ▸ 每盒含编号证书，可预约定制 TA 名字的专属香气
> ▸ 买即赠五星酒店情人节套餐代金券
> ▸ 朋友圈晒带定位订单，额外送红酒体验装
> ☞ "爱不是甜言蜜语，是藏在细节里的高级"
>
> 5.【直男急救包】- 解决男性用户"选择困难"痛点
> 「抄作业！女神绝对不删的巧克力礼盒」
> ▸ 明星同款巧克力+仿真玫瑰花礼盒（带灯串&音乐盒）
> ▸ 附赠三种情书模板+道歉保命话术
> ▸ 加 19 元得"求生欲测试"通关秘籍电子版
> ☞ "礼物送到心巴上，约会直接赢在起跑线！"
>
> 6.【CP 联名款】- 吸引 IP 粉丝/二次元群体
> 「LOVE 哪有磕 CP 甜！你的同款"告白名场面"来了」
> ▸ 爆款动漫联名巧克力，隐藏款含男女主声优告白语音
> ▸ 购买即送限量周边：双人挂件+互动台词手账
> ▸ 双人拼单立减 52.0，解锁专属纪念编码
> ☞ "现实不是番剧，但我的喜欢比主角更认真！"

DeepSeek 能够依据具体需求，灵活采用多样化的设计逻辑，并紧密结合用户画像，精准生成适合不同用户群体、展现独特风格的营销文案。

- 情感绑架+社交货币：通过"晒图有奖""朋友圈定位"等机制激发分享欲。
- 降低决策成本：用"急救包""作业模板"等话术减轻压力。
- 体验增值：捆绑拍摄券、调香服务等差异化服务，弱化纯商品属性。
- 精准狙击圈层：用 IP 联名、Z 世代黑话切入垂直群体。

步骤 03 将营销文案转换为图片，方便在其他社交媒体平台上分享，获取更多的流量观众，吸引更多的消费者。

提示词："保持促销文案的内容不变，把上面的几个促销文案内容以卡片的形式用 HTML 格式输出，卡片文字要清晰，配色布局要美观、吸引人。要完整输出所有促销文案卡片的 html 代码，每张卡片内容要完整。并在每张卡片增加下载按钮，单击按钮以 png 格式将卡片保存到本地，保存的卡片上不要有下载按钮。"如图 7-3 所示。

然后 DeepSeek 会根据我们的需求生成相应 HTML 代码，如图 7-4 所示。

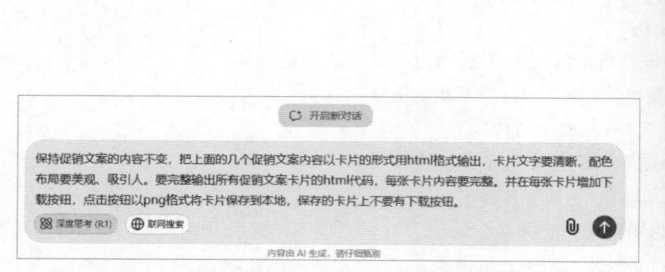

图 7-3　将促销文案以卡片形式使用 HTML 格式输出 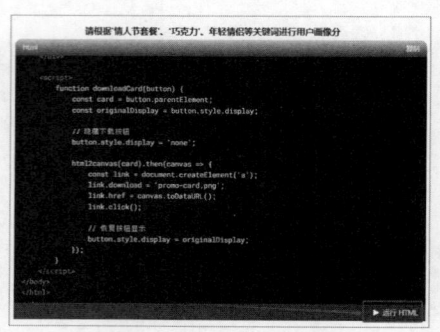　　图 7-4　促销文案 HTML 格式的代码窗口

在生成的 HTML 代码窗口上单击"运行 HTML"按钮，就可以看到促销文案 HTML 格式的运行效果，如图 7-5 所示。

单击促销文案上面的"保存图片"按钮，就可以将对应的促销文案卡片以 PNG 的形式保存到本地计算机上，以第一个促销文案卡片为例，如图 7-6 所示。

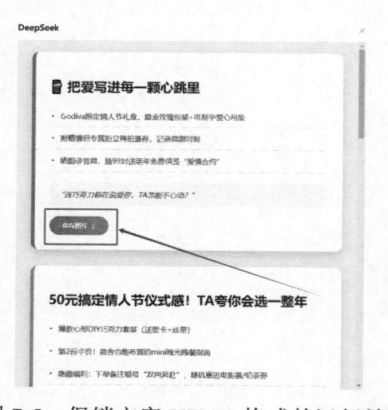

图 7-5　促销文案 HTML 格式的运行效果 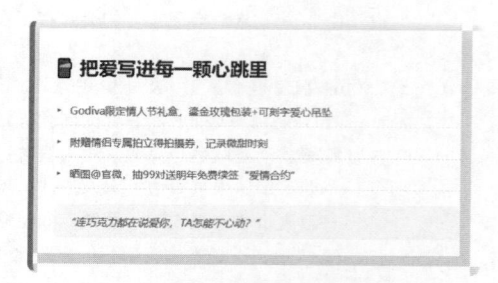　　图 7-6　PNG 格式的促销文案卡片

7.5.2　AI 辅助竞品分析报告实战案例

竞品分析在市场营销策划中占据着举足轻重的地位，它不仅是洞察竞争对手产品特性、定价策略及推广活动详情的关键手段，更是企业精准制定自身市场营销策略的基石。

通过竞品分析，企业能够全面把握行业内各竞争者的产品优势、功能差异、价格定位及

第 7 章 商业营销文案与品牌传播的制胜法宝

市场推广方式等核心信息。这些信息为企业提供了宝贵的参考依据，助力企业明确自身在市场中的定位，识别与竞争对手的差异化优势，以及潜在的市场机会。

进一步地，竞品分析有助于企业发现竞争对手的不足之处和市场空白，从而有针对性地优化自身产品，调整价格策略，创新推广活动，以更加精准有效地满足目标客户的需求，提升市场份额。

对于当下火热的新能源赛道，小米 SU7 与特斯拉 Model 3 无疑是两款聚光灯下的焦点车型，它们不仅吸引了大量消费者的目光，也引发了业界的广泛讨论。那么，如何借助 DeepSeek 快速为这两款车型书写一份竞品分析报告呢？

步骤01 收集信息小米 SU7 与特斯拉 Model 3 的相关资料。

提示词："请收集小米 SU7 与特斯拉 Model 3 两款新能源车型的详细资料，可以从详细技术参数、官方发布信息、用户信息，以及专业测评报告等方面进行搜索。"如图 7-7 所示。

进行信息搜索时，最好开启联网搜索功能，这样搜索出的数据更加全面、更加准确。

如图 7-8 所示，搜索的结果中包含了车型的基本配置、性能指标、续航里程、充电效率等关键指标，这些信息构成了竞品分析报告的基础框架。

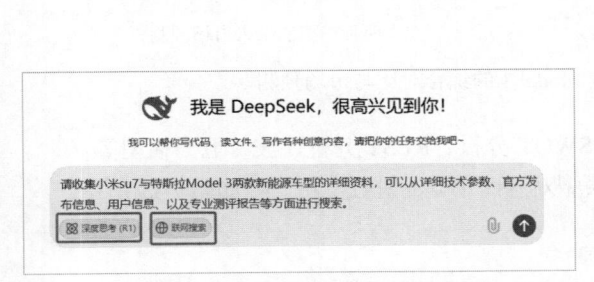

图 7-7　搜索两款车型的详细资料 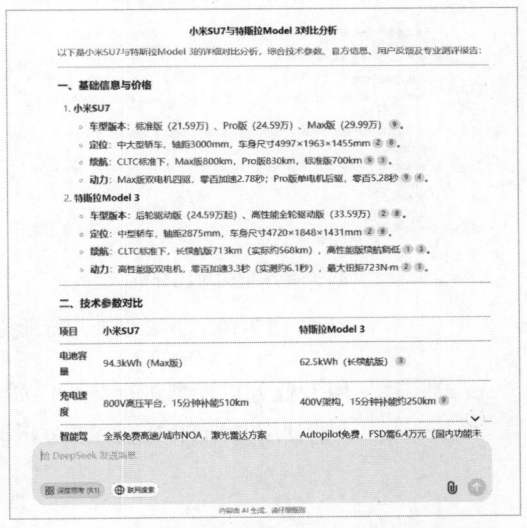　　图 7-8　小米 SU7 与特斯拉 Model 3 信息搜索结果

步骤02 基于检索信息，深度分析两款车型的差异。

提示词："请基于检索出的信息，对小米 SU7 与特斯拉 Model 3 两款车型进行深度分析。可以从技术创新、智能化配置、驾驶体验、用户评价等角度进行深入具体的分析。最后结合当前新能源汽车的整体发展趋势、政策导向等因素，对小米 SU7 与特斯拉 Model 3 的未来市场表现进行预测。"如图 7-9 所示。

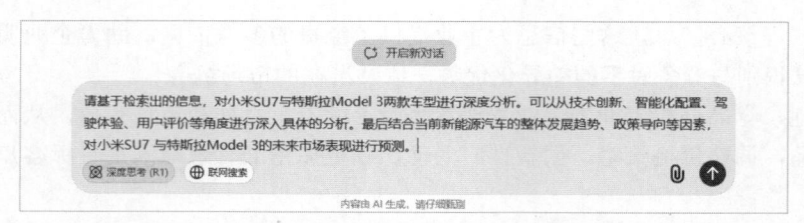

图 7-9 对小米 SU7 与特斯拉 Model 3 进行深度分析

然后 DeepSeek 可以根据这些要求进行全面的分析与市场预测，输出结果如图 7-10 所示。

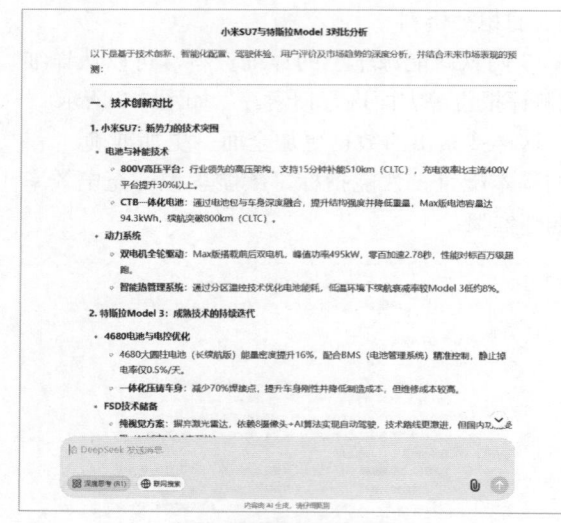

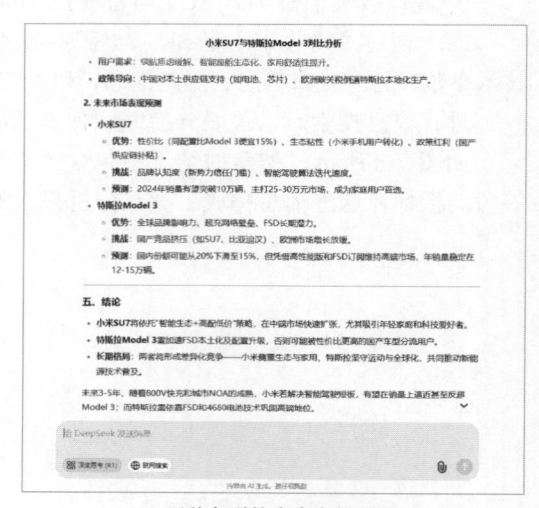

（a）两种车型的对比分析　　　　　　　　（b）两种车型的未来市场预测

图 7-10 小米 SU7 与特斯拉 Model 3 的综合对比与市场预测

步骤03 使用专业分析模型进行分析，如 SWOT 分析、REST 分析、波特五力模型等。
提示词："请使用 SWOT 与 REST 分析模型对这两个竞品进行分析。"如图 7-11 所示。

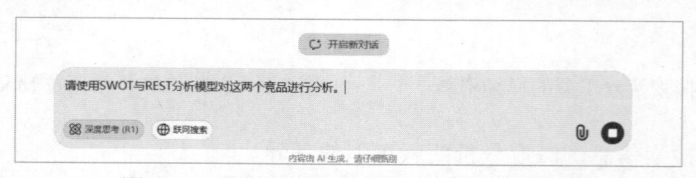

图 7-11 使用专业分析模型对竞品进行分析

输出结果如图 7-12 所示。

步骤04 生成竞品分析报告。

提示词："请总结上述内容，为小米 SU7 与特斯拉 Model 3 生成一篇竞品分析报告。要求格式规范、语句通顺、结构清晰、条例清晰、内容全面、立场客观。"如图 7-13 所示。

第 7 章 商业营销文案与品牌传播的制胜法宝

图 7-12　SWOT 与 REST 的竞品分析结果　　图 7-13　基于搜索信息与分析结果生成竞品分析报告

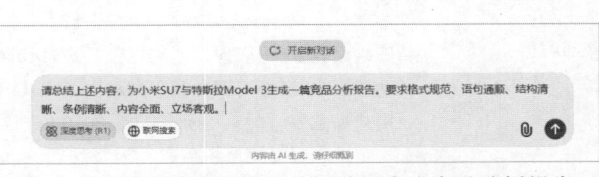

输出内容示例：

> DeepSeek：小米 SU7 与特斯拉 Model 3 竞品分析报告
> 摘要
> 本报告基于技术创新、智能化配置、驾驶体验、用户评价及市场趋势，对小米 SU7 与特斯拉 Model 3 进行全方位对比分析，并结合 SWOT 与 REST 模型评估两者优劣势及外部环境影响。最终结合新能源汽车行业发展趋势，预测两款车型的未来市场表现。
> 一、产品概述
> 1. 小米 SU7
> 定位：中大型智能电动轿车，主打"高配低价"与生态互联。
> 核心卖点：800V 高压快充（15 分钟补能 510km）、CLTC 续航 800km +、五屏联动智能座舱、全系标配高速 NOA。
> 价格区间：21.59 万～ 29.99 万元。
> 2. 特斯拉 Model 3
> 定位：中型运动电动轿车，全球新能源标杆车型。
> 核心卖点：Autopilot 成熟度、超充网络覆盖、4680 电池技术、高性能版零百加速 3.3 秒。
> 价格区间：24.59 万～ 33.59 万元。
> 二、核心维度对比分析
> 1. 技术创新
> 技术方向　小米 SU7　特斯拉 Model 3
> 电池与补能　　　　800V 高压平台 + CTB 一体化电池（94.3kWh）　　4680 大圆柱电池 + 一体化压铸车身（62.5kWh）
> 动力性能　双电机四驱（零百加速 2.78 秒）双电机四驱（零百加速 3.3 秒）
> 智能驾驶　激光雷达 + 高精地图（免费城市 NOA）纯视觉方案（FSD 国内功能受限）
> 结论：
> 小米 SU7 以高压快充和大电池解决续航焦虑，技术配置更激进；
> 特斯拉 Model 3 聚焦电控效率与成本优化，技术路线更注重全球化适配。
> 2. 智能化配置
> 功能模块　小米 SU7　特斯拉 Model 3

DeepSeek: 智能座舱 骁龙 8295 芯片、五屏联动、米家生态互联 15.4 英寸中控屏、极简交互设计
智能驾驶 全系标配高速 NOA，代客泊车识别率 85% Autopilot 免费，FSD 需 6.4 万元（国内功能未开放）
用户交互 语音控制响应速度＜1 秒，支持家居联动 语音功能单一，依赖触控操作
结论：
小米 SU7 通过生态整合与硬件堆料提升用户体验，适合家庭场景；
特斯拉 Model 3 依赖算法积累与品牌效应，但本土化功能受限。

3. 驾驶体验与用户评价

维度　　小米 SU7 特斯拉 Model 3
底盘调校 舒适取向，滤震性强，适合长途驾驶　运动化调校，路感清晰，操控精准
动能回收 多档可调，初段制动力度突兀 单踏板模式线性，用户适应度高
用户满意度　　续航扎实（CLTC 打 8 折）、配置丰富（座椅通风 / 冰箱）　Autopilot 稳定性、超充网络覆盖广
主要槽点 夜间掉电（2%～3%/ 晚）、智能驾驶偶发偏移 悬挂过硬、配置简陋（无座椅通风）
结论：
小米 SU7 满足家庭用户对舒适性与实用性的需求；
特斯拉 Model 3 凭借运动操控吸引驾驶爱好者，但舒适性短板明显。

三、市场环境与竞争策略

1. 行业趋势与政策影响

技术方向：800V 快充、城市 NOA 普及、CTC/CTB 电池技术；
政策导向：中国扶持本土供应链，欧洲碳关税倒逼特斯拉本地化生产；
用户需求：续航焦虑缓解、智能座舱生态化、家用场景优先。

2. SWOT 与 REST 分析总结

车型　　核心优势 主要挑战
小米 SU7 高性价比、生态黏性、政策红利 品牌溢价低、智能驾驶算法迭代压力
特斯拉 Model 3　　品牌影响力、Autopilot 成熟度、全球化布局 FSD 本土化滞后、国产竞品冲击

外部环境（REST）：
法规：中国数据安全法限制特斯拉 FSD，小米受益国产供应链补贴；
经济：25 万～30 万元市场快速增长，小米 SU7 精准覆盖价格带；
社会：家庭用户偏好舒适配置，年轻群体倾向特斯拉品牌调性；
技术：800V 快充成主流，特斯拉需加速 FSD 中国化适配。

四、未来市场表现预测

1. 小米 SU7

销量目标：2024 年突破 10 万辆，占据 25 万～30 万元市场 15% 份额；
技术突破：2025 年城市 NOA 覆盖 80% 主流城市，夜间掉电率降至 1%/ 晚；
核心策略：强化智能驾驶自研能力，利用小米生态圈扩大用户基盘。

2. 特斯拉 Model 3

销量预期：国内年销 12 万～14 万辆，高端市场份额降至 18%；
核心动作：推出"舒适悬挂"选装包，提升 FSD 订阅率至 20%；
长期布局：依托 4680 电池降本，巩固全球化高端市场地位。

> **DeepSeek:** 五、结论与建议
> 小米 SU7 需优先解决智能驾驶算法短板,避免高配置低体验的口碑风险;同时利用性价比与生态优势,加速渗透家庭用户市场。
> 特斯拉 Model 3 应加速 FSD 本土化落地,优化悬挂舒适性以应对国产竞品冲击;长期需依托全球化布局与 4680 电池技术巩固高端地位。
> 行业展望:两者将形成差异化竞争——小米聚焦生态与家用,特斯拉坚守运动与全球化,共同推动新能源技术普及与市场扩容。
> 报告编制单位:××咨询研究院
> 日期:2024 年×月×日
> 注:本报告数据来源于公开信息、用户调研及行业分析,结论仅供参考。

步骤05 对生成的竞品分析报告进行反思与检查。

提示词:"请对生成的竞品分析报告进行反思,并检查内容是否存在错误。使生成的竞品分析报告更加准确与完善。"如图 7-14 所示。

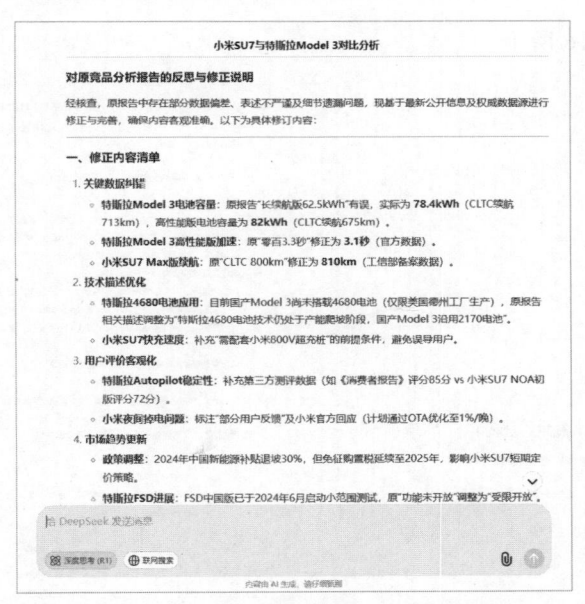

图 7-14 对生成的报告进行反思与调整

7.5.3 直播带货话术轻松生成实战

在当今社会,直播带货已成为电商营销的关键手段。互联网普及与消费者习惯变化促使商家和网红纷纷涌向直播平台,通过生动直观的展示与详尽的商品推荐,有效吸引观众关注并激发其购买欲望。这一销售模式不仅突破了传统电商模式的局限,使消费者得以近距离观察商品特性及实际使用效果,还显著提升了购买意愿与转化率。

AI 技术的高速发展对直播带货领域产生了广泛而深远的影响。其中,AI 在直播话术生

成方面的应用尤为突出，它极大地缩短了直播前的烦琐准备时间，使主播能够更专注于直播内容的精彩呈现。此外，AI 数字人的引入更是为直播带货带来了革命性的变化。这些虚拟主播不受时间与空间的束缚，能够实现全天候不间断的直播，从而大幅降低了人力成本。更重要的是，AI 数字人能够依据品牌形象与目标受众的偏好进行个性化定制，无论是外貌、服装还是言行举止，都能精准匹配，满足多元化的市场需求。

AI 技术不仅优化了直播带货的流程与效率，还为观众带来了更加丰富多样的直播体验，进一步推动了直播带货行业的蓬勃发展。未来，随着 AI 技术的持续进步与创新，我们有理由相信，直播带货将会展现出更加广阔的市场前景与无限的发展潜力。

案例：作为一名服装行业的新人主播，如何借助 DeepSeek 设计直播话术，提高直播效果与收益？

步骤01 向 DeepSeek 提问，如何设计直播话术？

提示词："我是一名直播新手，我应该如何设计一套直播话术，提高直播效果？"如图 7-15 所示。

输出结果如图 7-16 所示。

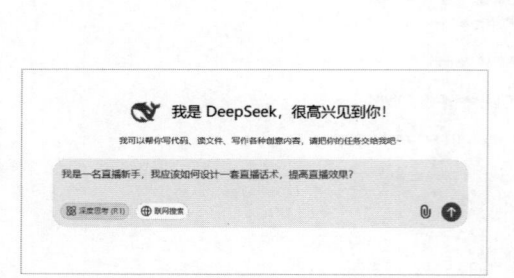

图 7-15　对 AI 提问如何设计直播话术

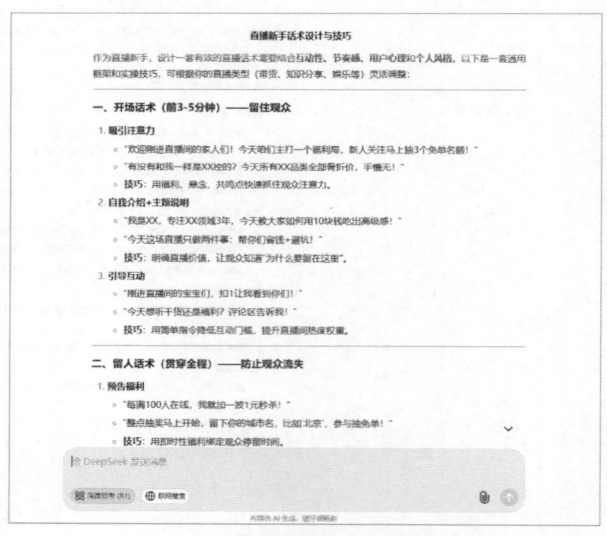

图 7-16　直播话术设计要求

DeepSeek 会提供一些直播话术的设计建议。

> 💡 DeepSeek：
> 一、开场话术：
> 1. 吸引注意力
> 2. 自我介绍 + 主题说明
> 3. 引导互动
> 二、留人话术：
> 1. 预告福利
> 2. 制造紧张感
> 3. 点明互动

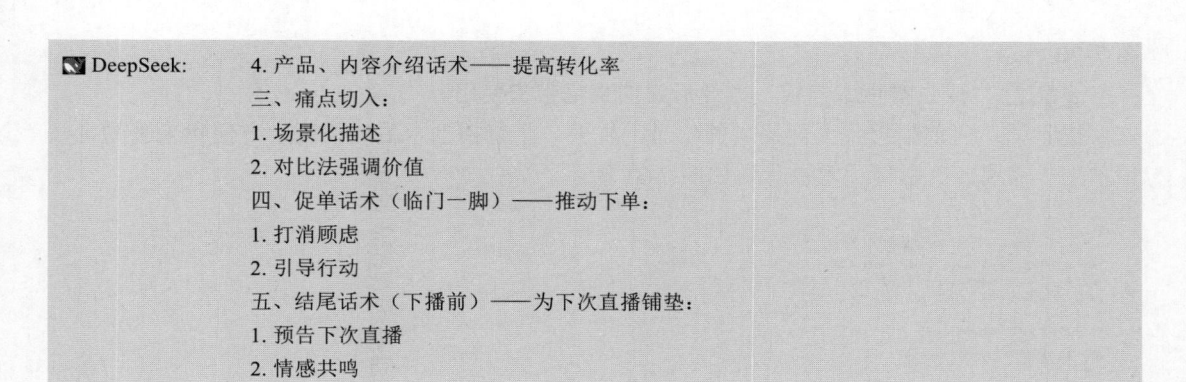

第 7 章　商业营销文案与品牌传播的制胜法宝

> DeepSeek：4.产品、内容介绍话术——提高转化率
> 三、痛点切入：
> 1. 场景化描述
> 2. 对比法强调价值
> 四、促单话术（临门一脚）——推动下单：
> 1. 打消顾虑
> 2. 引导行动
> 五、结尾话术（下播前）——为下次直播铺垫：
> 1. 预告下次直播
> 2. 情感共鸣

步骤02 完善内容信息生成直播话术，可以采用【行业】+【商品类型】+【商品风格】+【目标用户群】+【价格区间段】的公式结构进行信息补充。

提示词："我叫卖货小二，主要销售服装与鞋子一类的商品，风格主要偏向于大学生等年轻群体，商品质量有保障、价格亲民，价位段从几十元到 500 元左右。"如图 7-17 所示。

然后 DeepSeek 会根据提供的信息生成更具有针对性的直播话术，输出结果如图 7-18 所示。

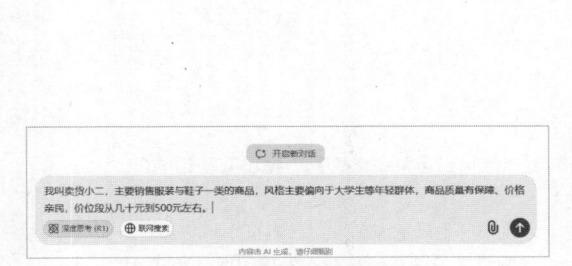

图 7-17　完善直播话术信息

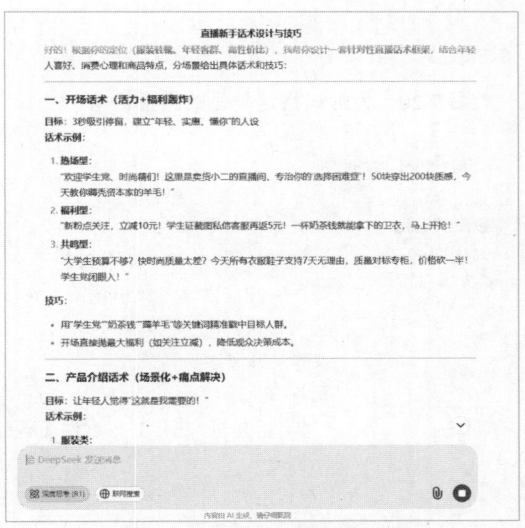

图 7-18　生成具有针对性的直播话术

步骤03 告诉 AI 你喜欢的直播带货大师，并按照他的直播风格生成直播话术。

提示词："我比较喜欢董宇辉老师的直播风格，能够参照他的直播风格为我设计相应的直播话术吗？"如图 7-19 所示。

DeepSeek 会根据我们喜欢的大师风格来调整直播话术，输出结果如

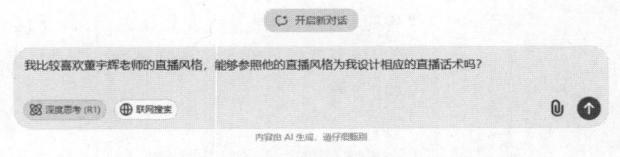

图 7-19　借鉴大师的直播风格

151

图 7-20 所示。

步骤 04 生成直播话术模板，方便后续的直播带货使用。

提示词："请根据我上面提供的信息，生成一个直播话术生成模版，方便我未来的直播话术生成需要。"直播话术提示词如图 7-21 所示。

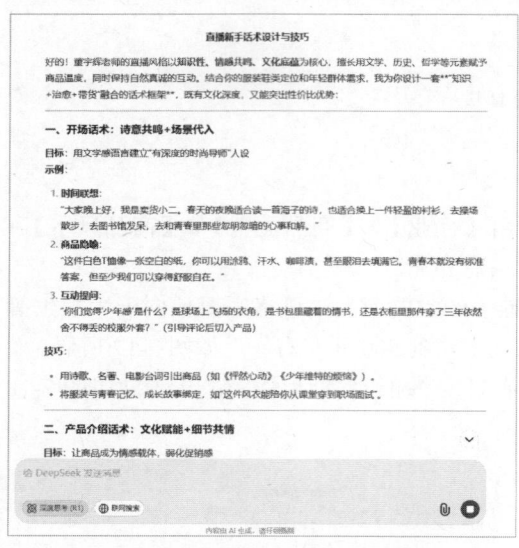

图 7-20　大师风格定制化的直播话术　　　　图 7-21　直播话术提示词

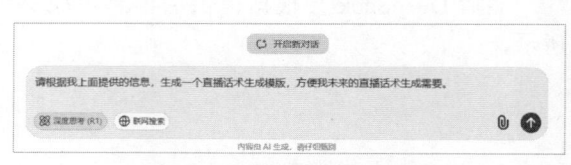

输出内容示例：

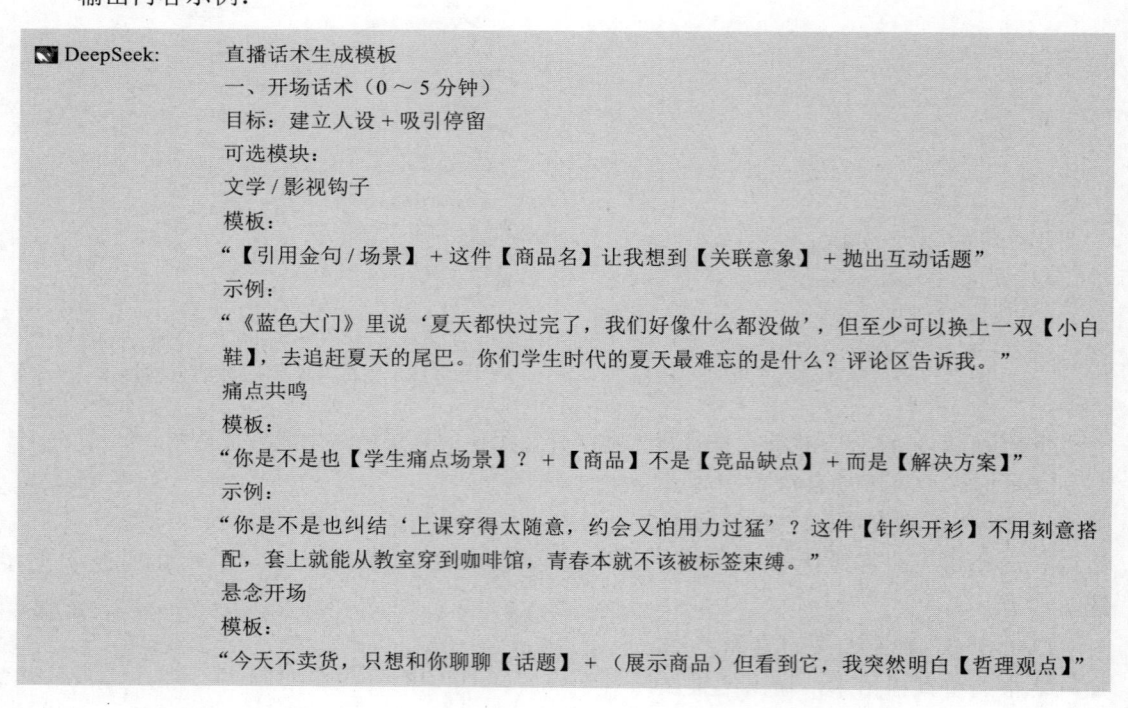

> **DeepSeek**：直播话术生成模板
> 一、开场话术（0～5分钟）
> 目标：建立人设 + 吸引停留
> 可选模块：
> 文学 / 影视钩子
> 模板：
> "【引用金句 / 场景】+ 这件【商品名】让我想到【关联意象】+ 抛出互动话题"
> 示例：
> "《蓝色大门》里说'夏天都快过完了，我们好像什么都没做'，但至少可以换上一双【小白鞋】，去追赶夏天的尾巴。你们学生时代的夏天最难忘的是什么？评论区告诉我。"
> 痛点共鸣
> 模板：
> "你是不是也【学生痛点场景】？+【商品】不是【竞品缺点】+ 而是【解决方案】"
> 示例：
> "你是不是也纠结'上课穿得太随意，约会又怕用力过猛'？这件【针织开衫】不用刻意搭配，套上就能从教室穿到咖啡馆，青春本就不该被标签束缚。"
> 悬念开场
> 模板：
> "今天不卖货，只想和你聊聊【话题】+（展示商品）但看到它，我突然明白【哲理观点】"

◣ DeepSeek: 示例：
"今天不想谈价格，只想聊聊'少年气的保质期'。直到看到这条【水洗牛仔裤】——原来旧了不代表过时，磨白的纹理里藏着光阴的故事。"

二、产品讲解（5～20分钟）
目标：知识赋能＋情感价值
结构模板：
文化锚点
填空：
"这件【商品名】的【设计/材质】让我想到【文学/历史/电影梗】。比如【具体描述】……"
示例：
"这双【马丁靴】的缝线工艺，像《唐吉诃德》里挑战风车的骑士——未必完美，但足够坚韧。鞋底的防滑纹能陪你走过图书馆的石阶，也能踏过实习路上的暴雨。"

细节共情
填空：
"你可能在意【用户潜在顾虑】＋但我们特意【工艺/设计】＋因为【情感共鸣点】"
示例：
"你可能担心【卫衣起球】，但我们用【双刷毛工艺】，洗衣机翻滚10次依然平整。就像年少时的诺言——可以经历揉搓，不该轻易褪色。"

价格重构
模板：
"【原价】是商业的逻辑，【现价】是我们的诚意＋【省下金额】够你【学生消费场景】"
示例：
"商场同款标价399元，我们砍到129元。省下的270元，够你在学校后街吃6顿火锅，或者买两张音乐节门票。"

三、互动留人（贯穿全程）
目标：提升停留时长＋增加黏性
模板库：
选择题互动
填空：
"【商品名】的【A/B/C选项】＋你们觉得哪种【形容词】？＋超过【数量】条评论就【福利】"
示例：
"这件【衬衫】有薄荷绿、燕麦白、克莱因蓝三个颜色，哪个更适合春天的校园？评论区刷起来，破500条加赠ins风胸针！"

故事共创
填空：
"穿着这件【商品】＋你可以【场景1】＋也可以【场景2】＋在评论区分享你的故事，我会选出【奖励】"
示例：
"穿上这双【帆布鞋】，你可以去操场跑圈发泄考试压力，也能在宿舍楼下等TA下课。分享你'最青春的鞋印故事'，点赞最高送同款鞋带礼盒！"

> **DeepSeek：** 知识问答
> 填空：
> "考考你们：+【趣味冷知识问题】+答对的前【人数】名送【福利】"
> 示例：
> "考考学生党：牛仔裤最早是给哪个职业穿的？（矿工）答对的前10名，这条【直筒牛仔裤】再减20元！"
> 四、促单转化（临门一脚）
> 目标：消除顾虑+推动下单
> 组合拳模板：
> 【文化价值】+【价格对比】+【稀缺提示】+【行动指令】
> 示例：
> "这件【风衣】的剪裁致敬赫本在《罗马假日》的洒脱（文化），专柜价598元，直播间直降400（价格），最后23件库存从XS到XL全码在（稀缺），点击右下角购物车，现在下单备注'青春'再送复古丝巾（行动）！"
> 五、结尾预告（下播前5分钟）
> 目标：延续期待+塑造人设
> 模板：
> 诗意告别
> 填空：
> "感谢你们用【时间】交换我的【收获描述】+【商品】会旧，但【情感价值】不会+下次直播【悬念】"
> 示例：
> "感谢用2小时晚自习时间听我唠叨。衣服会皱，但少年心气不该起球。下周五晚8点，我们一起解开'如何用100元搭出7套look'的谜题。"
> 专属福利
> 填空：
> "现在点关注并加入粉丝群的家人+明天10点私信发送【福利】+暗号是【文艺短语】"
> 示例：
> "现在加入粉丝群的宝子，明早10点发送'玻璃晴朗，橘子辉煌'给我，领取50元无门槛券——来自辛波斯卡的诗，就像你们的青春本该明媚。"

模板使用说明如下。

（1）提前准备。

- 建立"文化素材库"（金句/电影/书籍/历史故事）。
- 收集"学生痛点库"（场景如体测、答辩、实习、约会）。

（2）开播前填空。

- 按商品选择2～3个核心要素（如"文学+价格对比+校园梗"）。
- 组合成完整话术链条，标注重点语气词（如激动/温柔/悬念）。

（3）灵活切换。

- 流量高时：增加知识互动。
- 流量低时：聚焦价格优势+紧迫感。

直播模板话术要素速配表如表7-1所示。

表 7-1　话术要素速配表

要素类型	适配场景	填空案例
文学引用	高客单价 / 主打款	泰戈尔诗 + 设计师款外套
校园梗	基础款 / 低价促销	"早八人必备""体测救命鞋"
电影场景	风格化单品（复古 / 潮流）	《猜火车》+ 破洞牛仔裤
哲理类比	消除质量顾虑	"褶皱不是瑕疵，是成长的年轮"
价格重构	清仓 / 大促	"省下的钱 = 4 杯奶茶 + 2 包薯片"

第 8 章
新媒体内容创作与传播策略全解析

本章概述

本章深入解析新媒体内容创作趋势与传播策略,同时展示 DeepSeek 在新媒体文章创作中的革新应用。

首先,概览新媒体内容创作的现状与发展方向,强调紧跟趋势、创新及洞察用户的重要性。接着,详细介绍 DeepSeek 如何凭借算法与数据分析能力,为内容创作者提供创意、优化结构与提升质量,实现精准推送与高效传播。

然后,探讨 DeepSeek 在社交媒体写作中的实战技巧,助力创作者在社交媒体上脱颖而出。此外,解析新媒体内容创作面临的挑战,如内容同质化、用户注意力分散等,并通过案例分析探讨如何运用 DeepSeek 等工具应对挑战。

为巩固知识,设计 3 个实战项目:小红书爆文生成、短视频脚本自动生成、微信公众号爆文创作。

通过学习,读者将全面理解新媒体内容创作价值,掌握 DeepSeek 优势与应用方法,提升文案创意与工作效率,无论你是新媒体创作者、营销人员还是品牌管理者,都能找到适合自己的实战技巧与策略,实现创作与传播效果的飞跃。

知识导读

本章要点(已掌握的在方框中打钩)
- ☐ 了解新媒体内容创作的动态趋势。
- ☐ 认识 DeepSeek 在新媒体文章创作中的革新应用。
- ☐ 学习 DeepSeek 如何快速生成小红书的爆款文案。
- ☐ 掌握 DeepSeek 短视频脚本生成的技巧。
- ☐ 掌握 DeepSeek 创作微信公众号爆文的技巧。

新媒体,这一利用数字技术,通过计算机网络、无线通信网、卫星等多种渠道,以及计算机、手机、数字电视机等多种智能终端,向广大用户提供丰富信息和多样化服务的传播形态，正以势不可挡之势重塑我们的信息获取方式与社交互动模式。新媒体如同一股强劲的潮流，引领我们步入一个信息爆炸、交互无界的新纪元。

在新媒体的浪潮中，信息的传播变得前所未有的迅速和广泛。无论是国际大事，还是街头巷尾的琐碎新闻，都能通过新媒体平台迅速传递至世界的每个角落。同时，新媒体也极大地丰富了信息的表现形式，从文字、图片到视频、音频，再到直播、互动游戏等，新媒体以多元化的内容满足了用户多样化的信息需求。

更为重要的是，新媒体打破了传统媒体的单向传播模式，实现了用户与媒体之间的双向互动。用户不仅可以通过新媒体平台获取信息，还能发表观点、分享经验、参与讨论，形成了一个个充满活力的网络社区。这种高度互动的用户参与模式，不仅增强了用户的参与感和归属感，也推动了新媒体内容的不断创新和丰富。

然而，新媒体的发展并非一帆风顺。随着信息量的急剧增加，如何高效、准确地筛选和获取有价值的信息成为一个亟待解决的问题。此时，DeepSeek 等 AI 工具的出现，无疑为新媒体的发展注入了新的活力，产生了深远的影响。

8.1 新媒体内容创作的动态趋势全面概览

在当前的新媒体环境中，内容创作领域正经历着一场前所未有的深刻变革，涌现出三大核心发展趋势。这些趋势不仅重新定义了新媒体内容的面貌与格局，而且深刻地重塑了内容创作者的工作范式及用户的消费行为习惯。

1. 短视频与沉浸式交互主导内容形态

随着移动互联网技术的飞速发展和智能手机的普及，短视频已成为新媒体内容创作中最受欢迎的形式之一。数据显示，2024 年短视频平台用户日均使用时长达 2.5 小时，这一数据充分说明了短视频在吸引用户注意力方面的巨大潜力。与此同时，交互式 H5 内容的表现也颇为亮眼，其点击率实现了 40% 的显著增长，这一趋势清晰地反映出用户对于沉浸式交互体验的渴望正日益增强。

某美妆品牌巧妙结合 "AR 试妆 + 短视频教程" 的组合策略，不仅为用户提供了前所未有的试妆体验，还通过短视频教程深化了用户对产品的理解和使用技巧，从而实现了用户停留时长 60% 的增长。这一案例充分展示了短视频与沉浸式交互在提升用户体验和增强品牌黏性方面的巨大价值。

2. 垂直领域精细化内容需求激增

在信息洪流席卷的当下，用户对内容的需求正朝着更为精细化与专业化的方向发展。数据显示，教育、健康、科技等垂直细分领域的内容阅读量同比增长高达 35%，这一显著增长无疑映射出用户对高质量、深度专业化内容的迫切渴求。用户愈发倾向于获取那些专业性强、高度贴合实际场景的知识输出，这类内容不仅能够有效解决他们的即时问题，还能在潜移默化中提升他们的认知水平与生活品质。

例如，某健康类账号通过构建 "医学专家问答 + 场景化食谱" 的内容矩阵，不仅满足了用户对健康知识的渴求，还通过场景化的食谱提供了实用的生活指导，从而实现了粉丝转化率25%的提升。这一案例表明，垂直领域精细化内容的创作已成为新媒体内容创作的重要方向。

3. AI 技术深度赋能创作流程

AI 技术的快速发展为新媒体内容创作带来了革命性的变革。据统计，2024 年，全球约有 68% 的内容创作者已经采纳 AI 工具来辅助选题策划与数据分析，这一数据深刻地揭示了 AI 技术在内容创作领域的广泛渗透与深远影响。

AI 工具以强大的功能，为内容创作者带来了前所未有的助力。它们能够迅速捕捉热点话题、精准分析用户偏好，还能提供智能化的内容创作与编辑建议，从而极大地提升了内容创作的效率与质量。AI 技术的深度融入，不仅实现了创作流程的自动化与智能化升级，更在激发创作者创意与灵感方面展现出了巨大潜力。

在 AI 技术的辅助下，创作者能够以前所未有的速度捕捉到市场动态的微妙变化与用户需求的细微差异，进而创作出更加贴近用户心声、满足用户期待的内容佳作。AI 技术正以其独特的优势，为新媒体内容创作领域注入源源不断的活力与创造力。

8.2 DeepSeek 在新媒体文章创作中的革新应用实战

DeepSeek 在当今的新媒体文章创作中发挥着无可替代的作用。DeepSeek 不仅能够根据目标受众和平台特性生成既多样化又高度个性化的文章内容，确保每篇文章都能精准触达读者内心，大幅提升文章的吸引力和阅读体验，还能够通过数据分析与优化功能，帮助创作者精准把握用户偏好，不断优化文章质量，实现跨平台、多渠道的精准传播。DeepSeek 等 AI 工具的应用，不仅极大地降低了新媒体文章创作的成本和时间，还提高了内容的传播效率与影响力，为新媒体创作者提供了强大的技术支持和创意灵感。

1. 个性化内容生成：精准匹配用户需求场景

案例概述：

某旅游平台致力于为北上广深年轻白领群体打造专属的「周末探店攻略」，旨在结合各城市特色，提供差异化且富有吸引力的探店指南。

指令示例：

"请为上海静安寺周边的咖啡店生成 3 条小红书文案，特别强调精品手冲咖啡、ins 风格装修以及宠物友好的特性。文案中需融入'魔都探店''打工人的精神补给站'等热门标签，并采用慵懒治愈的语气风格。"

DeepSeek 生成结果示例片段如下：

> 🍃 DeepSeek：　☕静安寺旁的慢时光·打工人的秘密花园 🌿
> 在梧桐树影下的日系咖啡馆，一杯埃塞俄比亚花魁手冲，柑橘香在舌尖轻盈跳跃～店内原木色台阶上，店长家的布偶猫慵懒地蜷缩着，键盘敲击声与磨豆声交织成最动听的白噪声 BGM。# 魔都探店 # 打工人的精神补给站 # 咖啡与猫的午后

> **DeepSeek：** ☕ 静谧巷弄里的咖啡香·打工人充电站 ✨
> 走进这家隐匿于静安寺旁的咖啡馆，仿佛踏入另一个世界。精品手冲，每一滴都是匠心独运；ins 风装修，每个角落都是拍照打卡点。更别提那只总爱蹭人裤脚的猫咪，治愈力满分！ #魔都探店 #打工人的精神补给站 #喵星人的咖啡馆
> 🐾 打工人的小确幸·静安寺旁的咖啡小憩 💤
> 忙碌一周，终于在静安寺附近找到这家宝藏咖啡馆。手冲咖啡香气四溢，ins 风装修让人眼前一亮。最惊喜的是，这里还是宠物友好地，带着自家毛孩子一起来享受悠闲午后吧！ #魔都探店 #打工人的精神补给站 #咖啡与宠物的日常

革新价值：

通过地域特征、用户画像与平台调性的三维建模，实现了内容的精准适配。自动植入的 SEO 关键词与情感化场景描写，使得文案更加吸引人，能够显著提高文章的点击率。

2. 数据驱动型创作：实时热点捕捉场景

案例概述：

某教育品牌在高考期间发起「志愿填报」话题营销，旨在结合各省分数线变化及高考热点话题，生成引发家长群体共鸣的讨论内容。

指令示例：

"请生成 10 条知乎问答标题，结合'新高考选科''人工智能专业前景'等热点话题，采用'劝退体'风格，以引发家长们的关注和讨论。"

DeepSeek 生成结果示例片段如下：

> **DeepSeek：**《劝退贴：AI 专业真的适合你吗？985 教授深度剖析算法岗的残酷现实》
> 《血泪教训！新高考选科不慎，我与心仪的 CS 专业擦肩而过》
> 《县城学霸慎报金融：没有顶级学府背景，投行之路举步维艰》
> 《新高考下的文科陷阱：选历史还是选物理，你真的想清楚了吗？》
> 《AI 专业真的是未来趋势吗？听听从业者的真心话》
> 《别让新高考选科成为你人生的绊脚石》
> 《金融圈真相：没有名校光环，你如何在投行立足？》
> 《AI 专业劝退指南：你真的准备好迎接挑战了吗？》
> 《新高考选科误区：别让一时的冲动影响你的未来》
> 《金融还是科技？听听过来人的建议，避免走弯路》

革新价值：

DeepSeek 能够快速抓取百度指数、微博热搜等 300 多个信源的数据。并且通过 LDA 主题模型自动提取热点关键词并组合，使得创作响应速度比人工快 12 倍。

3. 跨平台内容矩阵：一键多形态适配场景

案例概述：

某美妆品牌在新品发布会上，需要同步产出适用于微信公众号、抖音和微博的多形态内容，以全方位展示新品"24 小时持妆黑科技"的核心卖点。

指令示例：

"请以'24 小时持妆黑科技'为核心，生成以下内容：

微信公众号推文（1500 字，科技感 + 成分党风格）
抖音脚本（30 秒，达人暴躁测评形式）
微博话题 # 底妆卷王来了 # 的 5 条 UGC 引导文案"
DeepSeek 生成结果示例片段如下：

> **DeepSeek：** 微信公众号推文：
> 深度剖析"24 小时持妆黑科技"背后的科学原理，嵌入电子显微镜下的粉体结构可视化图解，展现产品的科技魅力。
> 采用成分党风格，详细列出产品中的关键成分及其功效，让读者对产品的信任度倍增。
>
> 抖音脚本：
> 设计冲突剧情：油皮博主在健身房和火锅店进行 12 小时实测，其间不断突击检查妆容，展现产品的持妆效果。
> 采用暴躁测评形式，增加视频的趣味性和互动性，吸引更多年轻用户关注。
>
> 微博话题：
> # 底妆卷王来了 # 话题下，生成 5 条具象化场景引导的 UGC 文案，如"打工人深夜蹦迪妆没花？同事以为我去做了半永久！""夏日海滩狂欢，底妆依旧坚挺如初！"等。
> 通过具象化场景描述，激发用户的共鸣和参与热情，提升话题的热度和讨论度。

革新价值：
DeepSeek 可以将同一信息内容转换为"专业解读""娱乐化表达""碎片化传播"等多种形态，实现对图文、视频、互动文案等不同平台的自动适配，从而满足不同用户群体的需求。

8.3　DeepSeek 赋能社交媒体写作实战

1. 热点借势文案生成

基于实时热搜词库，DeepSeek 能够自动生成与热点话题相关的选题建议。这些选题不仅紧贴当前热点，还充分考虑了用户的兴趣和需求，确保生成的内容能够迅速吸引用户的注意力。写作者只需简单设置关键词和偏好，即可获得一系列高质量的选题建议，大大缩短了选题时间，提高了内容生产效率。

案例分享：冬奥会期间"冰雪运动安全指南"系列推文。

在冬奥会期间，某体育自媒体利用 DeepSeek 进行热点预判，并结合实时热搜词库，生成了"冰雪运动安全指南"系列推文。这些推文不仅涵盖冰雪运动的基本技巧，还详细介绍了运动中的安全注意事项。由于选题紧贴热点，且内容实用性强，所以，该系列推文实现了互动率与点击率的快速提升。

2. 多平台差异化适配

针对不同社交媒体平台的特点和用户需求，利用 DeepSeek 将同一内容自动拆解为适合不同平台的格式和风格，实现多平台差异化适配。

案例分享：同一内容的多平台发布。

某科技自媒体在发布一篇关于最新科技产品的评测文章时，利用 DeepSeek 强大的分析总结能力，将同一内容自动拆解为微博短图文（100 字＋九宫格图片）、微信公众号长文（3000 字＋数据图表）及抖音口播脚本（30 秒视频）。这种多平台差异化适配的策略不仅提高了内容的曝光率，还能够吸引不同平台的用户关注，获得更多的收益。

3. 互动话术优化

DeepSeek 还能对用户的评论信息进行深度分析，准确识别用户评论中的正面、负面或中立情绪。通过对大量评论数据的深度挖掘，DeepSeek 能够建立起一套完善的情感分析模型，确保对每条评论都能进行精准的情感判断。然后根据用户的评论情绪，生成相应的回复话术模板，帮助写作者更好地与用户互动，提升用户满意度。

案例分享：针对负面评论的共情＋解决方案话术模板。

某电商自媒体在运营过程中，经常收到用户对产品的评价和建议。利用 DeepSeek，该自媒体能够迅速分析每条评论的情感倾向，并生成相应的回复话术。对于正面评论，自媒体回复道："感谢您的认可和支持！我们会继续努力，为您带来更多优质产品。"对于负面评论，自媒体则回复道："非常抱歉给您带来了不好的体验！我们会立即调查并解决问题，同时赠送您一张优惠券作为补偿。"这种情感化的互动方式不仅提升了用户满意度，还增强了用户对品牌的忠诚度。

8.4　新媒体内容创作挑战与应对策略解析

在这个信息爆炸的时代，新媒体内容创作者既迎来了前所未有的机遇，也遭遇了前所未有的挑战。一方面，数字化技术为内容创作提供了丰富的素材来源、多样化的创作工具及广泛的传播平台，使得创作者能够以前所未有的速度和效率创作出丰富多样的内容，满足日益多元化的受众需求。另一方面，信息的过载与同质化现象也日益严重，如何在海量信息中脱颖而出，吸引并保持受众的注意力，成为内容创作者亟需解决的难题。

1. 内容创意的匮乏

挑战描述：新媒体内容创作者需要不断推出新颖、有趣的内容来吸引和保持观众的关注。然而，随着市场竞争的加剧，创意的稀缺性日益凸显，许多创作者在内容创新上面临困境。

应对策略：创作者可以通过观察热门内容，分析其成功之处，借鉴其创意元素。同时，积极参与平台上的挑战和话题，借助流行趋势进行创作。此外，与其他创作者交流分享创意和经验，也是提升创意能力的重要途径。

案例：在抖音平台上，许多创作者通过参与平台上的热门挑战，如舞蹈挑战、模仿挑战等，成功吸引了大量关注。这些挑战不仅激发了创作者的创意灵感，也为他们提供了展示才华的舞台。

2. 技术操作的复杂性

挑战描述：新媒体内容创作涉及拍摄、剪辑、特效等多个环节，需要创作者具备一定的技术操作能力。然而，许多创作者在技术操作上面临困难，影响了内容的质量和呈现效果。

应对策略：创作者可以通过学习基础摄影知识、剪辑软件和特效处理技术来提升技术操作能力。此外，利用平台提供的编辑工具和教程也是快速提升技术水平的有效途径。

案例：B 站上的许多 UP 主通过自学 Premiere、After Effects 等剪辑软件，成功制作出了高质量的视频内容。他们不仅掌握了基础剪辑技巧，还学会了如何添加特效、调整色彩等高级操作，使视频内容更加吸引人。

3. 观众反馈的压力

挑战描述：新媒体内容创作者需要面对观众的直接反馈，包括正面评价和负面评论。负面评论可能会对创作者的创作动力产生负面影响，甚至导致他们放弃创作。

应对策略：创作者应保持积极的心态，理解每个创作者都会经历类似的阶段。他们应该学会分析反馈中的建设性意见，不断改进自己的内容。同时，保持与观众的互动，增加用户黏性，也是应对观众反馈压力的有效方法。

案例：微博上的许多博主通过积极回复评论、与粉丝互动等方式，成功建立了良好的粉丝关系。他们不仅认真倾听粉丝的意见和建议，还根据反馈不断调整自己的内容方向，使内容更加贴近粉丝的需求。

4. 版权问题的困扰

挑战描述：在新媒体内容创作中，版权问题是一个不容忽视的挑战。不当使用他人作品可能导致法律纠纷和声誉损失。

应对策略：创作者应增强版权意识，了解并遵守相关法律法规。在使用音乐、图片等素材时，应确保获得授权或选择正版素材库。同时，积极维护自己的版权权益，防止作品被他人侵权。

案例：在抖音平台上，一些创作者因使用未经授权的音乐而面临版权纠纷。为了避免类似问题，抖音提供了正版音乐库供创作者选择。这些音乐不仅版权清晰，还能为视频内容增添亮点。

新媒体创作的核心竞争态势已从单纯的"流量争夺"阶段进化至更为深刻的"用户价值战争"。在这一转变中，成功的关键公式可以概括如下：成功 = 差异度（内容的独特性与创新性）× 触达效率（算法与平台的精准适配）× 信任密度（IP 的品牌势能与用户忠诚度）。为了在这一复杂多变的环境中脱颖而出，强烈建议采用"721 精细化运营法则"。

- 70% 的精力专注于内容深耕：内容是新媒体创作的灵魂，它不仅是吸引用户的首要因素，更是建立用户信任与忠诚度的基石。因此，应将大部分精力投入到内容的策划、创作与优化上，确保每份内容都能精准触达用户痛点，提供独特的价值体验。这包括但不限于深度分析用户需求、创新内容形式、提升内容质量等方面。
- 20% 的精力研究平台机制与算法：新媒体平台作为内容传播的载体，其算法机制与推荐逻辑对于内容的触达效率至关重要。深入了解平台的运营规则、用户行为模式及算法推荐机制，有助于创作者更好地优化内容，提高曝光率与用户参与度。同时，关注平台的新功能与趋势，及时调整创作策略，也是保持竞争力的关键。
- 10%的精力探索变现模式与商业合作：在内容质量与用户基础稳固之后，探索合理的变现模式与商业合作成为必然。这包括但不限于广告合作、品牌代言、付费订阅、电商带货等多种形式。但需注意，变现策略应与内容定位及用户价值相契合，避免过度商业化，影响用户体验。通过小步快跑、持续测试的方式，逐步优化变现路径，实现内容与商业的双赢。

更重要的是，"721精细化运营法则"并非一成不变，而是需要随着市场环境、用户需求及平台政策的变化而持续迭代与优化。创作者应保持敏锐的市场洞察力与创新能力，不断试错、学习与调整，方能在激烈的"用户价值战争"中破局而出，构建稳固且持续增长的IP价值。

8.5 实战案例精选

在当今这个日新月异的时代，DeepSeek作为一款广受瞩目的AI大模型，正凭借其卓越的应用潜力和创新力，引领着技术与效率的新纪元。精通并善用这一尖端工具，对于加速我们的工作流程、增强个人综合能力，具有不可估量的价值。接下来，将通过一系列鲜活且启迪人心的真实应用场景，深入剖析DeepSeek如何助力我们迅速达成目标，从而在竞争激烈的职场环境中显著拔高个人的竞争优势。

8.5.1 小红书爆文生成

随着新媒体行业的蓬勃繁荣，无数怀揣梦想的创作者如潮水般涌入这片充满无限可能的领域。小红书，作为一款深谙"安利"与"种草"文化精髓的App，凭借其无可比拟的独特魅力，成功吸引了众多追求潮流风尚、热爱精致生活的年轻用户群体。这些用户不仅数量庞大，而且质量上乘，他们拥有着令人瞩目的消费能力和消费意愿，为内容创作者提供了肥沃的土壤。

在小红书上，内容创作者能够精准地触达自己的目标受众，通过高质量的分享与互动，迅速积累个人影响力，并将这份影响力转化为实实在在的商业价值。无论是品牌合作、产品推广还是个人IP的打造，小红书都以强大的社区氛围和用户黏性，为自媒体新手铺设了一条通往成功的快车道。那么，如何能够实现小红书文案的快速撰写呢？

1. **快速生成小红书爆款文案**

步骤01 使用DeepSeek AI工具，进行文案选题。例如，从动漫、时尚、美妆、科技等不同领域筛选一些爆火的题材，紧随热点的浪潮。

提示词："请分别从'动漫''游戏''科技'等领域分别筛选出1～5条最近一段时间的热点内容，以表格形式进行展示，并且表格中需要包含内容概括的标题。"如图8-1所示。

输入结果如图8-2所示。

图 8-1　DeepSeek 根据关键词进行用户画像分析　　　　图 8-2　不同领域最近的热点内容

如果搜索出的结果并不满意，或者想要更加深入地获取某一领域的热点，以动漫领域为例，可进行如下提问："请给我提供最近一段时间爆火的十部动漫。"

步骤02 根据热点内容，采用【热点内容】+【魔法指令】的公式快速生成小红书爆文。

提示词：

> 请结合"哪吒 2 破百亿"为话题，生成一篇小红书爆文。
> 你是一个小红书营销专家，需要基于文本生成一篇完整的小红书爆款热文，结构和要求是：
> 标题：要求简洁明了、富有吸引力，能在瞬间抓住读者眼球，激发他们的好奇心或共鸣。可以运用夸张、疑问、悬念等手法，比如"不看后悔！[具体领域]的惊天秘密""[具体场景]必备，你知道是什么吗？"，并附上一些 emoji 增强视觉冲击力
> 正文：即小红书帖子的正文内容。
> 话题词：紧跟当下热门趋势，选择与内容紧密相关的话题。比如分享美食，就带上 #美食分享 #热门美食 #美食探店 等；如果是时尚穿搭，就用 #时尚穿搭 #今日穿搭 #穿搭灵感 等。同时，也可以加上一些通用热门话题，像 #小红书爆款 #爱用物分享 等，提高帖子的曝光度。

使用效果如图 8-3 所示。

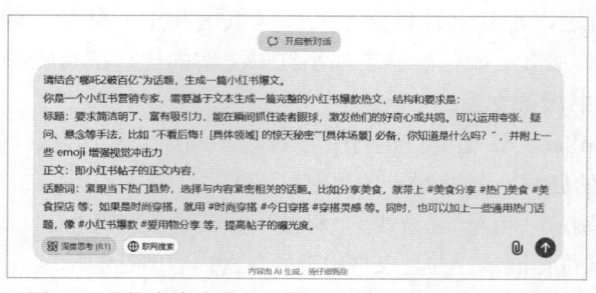

图 8-3　【热点内容】+【魔法指令】生成小红书爆文

输出内容示例如下：

> **DeepSeek：** 标题：🔥 不看后悔！国产动画的「封神时刻」终于来了！哪吒 2 票房破百亿的秘密是…？✨
> 正文：
> 姐妹们！！！👀 国漫圈炸了！✨✨✨
> 《哪吒 2》票房狂飙破 100 亿！！这是什么概念？
> ——相当于全国每 10 个人里就有 1 个贡献了电影票！
> （别告诉我你还没看！😤）
> 作为追了 10 年国漫的老粉，这次真的热泪盈眶了 😭
> 从《大圣归来》到《哪吒》，国产动画的逆袭太燃了！
> 这次《哪吒 2》不仅特效炸裂，剧情更是颠覆想象——
> 敖丙黑化？哪吒联手申公豹？全程高能反转，鸡皮疙瘩掉一地！
> 偷偷剧透几个「封神级亮点」👇
> 🔥 特效天花板：3D 建模＋粒子渲染，每一帧都是壁纸级！
> （看完立马想去学动画，谁懂啊！🎬）
> 🔥 剧情神反转：谁说国漫只会"热血套路"？这次亲情线刀哭一片！
> （友情提示：带够纸巾！💔）
> 🔥 细节狂魔：山河社稷图里的水墨彩蛋、混天绫的材质光影…
> （美术生跪着看完的！🎨）
> 最绝的是——
> 电影里藏了「元宇宙」彩蛋！
> 哪吒和敖丙的元神大战，竟然用到了 AI 实时渲染技术！
> （难怪有人说这是"动画版的《头号玩家》"🎮）
> 互动话题：
> 👉 你们觉得最戳泪点的是哪一幕？
> 👉 猜猜下一部破百亿的国漫会是哪部？
> （评论区抽 3 位姐妹送官方周边！🎁）
> 话题词：
> ＃哪吒 2 破百亿 ＃国漫崛起 ＃动画黑科技 ＃电影彩蛋解析
> ＃小红书爆款 ＃国风才是顶流 ＃这波操作你给几分

DeepSeek 在生成爆款文案的同时，还会给出文案的爆款公式解析。

- 标题悬念＋数据冲击：用"100 亿"制造震撼，结合疑问句引发好奇。
- 情绪共鸣＋身份代入：以"老粉"视角拉近距离，强化情怀价值。
- 亮点拆解＋专业术语：用"粒子渲染""AI 实时渲染"提升内容可信度。
- 互动裂变＋福利刺激：通过提问和抽奖撬动评论区活跃度。

步骤 03 生成文案封面，方便发布。

提示词："根据上面的文案，帮我生成一个小红书封面，可以添加适当的背景进行美化，以卡片的形式用 HTML 格式输出，并在卡片上增加下载按钮，单击按钮以 PNG 格式将卡片保存到本地，保存的卡片上不要有下载按钮。要求符合小红书平台的图文要求规则和风格，还有小红书平台的用户审美。"如图 8-4 所示。

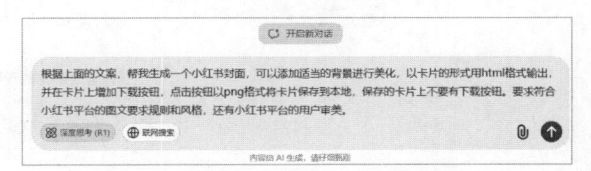

图 8-4 生成小红书封面

165

然后在 DeepSeek 生成的 HTML 代码窗口上单击"运行 HTML"按钮，即可看到封面图效果，如图 8-5 所示。

步骤04 下载小红书封面图。

单击"立即保存封面"按钮，可以将封面图保存到本地计算机中，生成的封面图遵循小红书平台的 3:4 封面图片比例要求，如图 8-6 所示。

图 8-5　封面图 HTML 代码运行效果图　　　　图 8-6　生成的小红书封面图

2. 批量生成小红书爆款文案

对一名小红书博主来说，快速且批量地生成小红书上的爆款文案是至关重要的能力。这不仅能有效提升内容的产出效率，还能在竞争激烈的市场中迅速抓住用户的眼球，积累粉丝基础，扩大个人品牌影响力。

如何实现这一目标呢？可以借助一些第三方工具，例如，飞书多维表格内置了 DeepSeek 大模型，可以批量高效实现任务的处理。

步骤01 登录飞书多维表格官网（https://www.feishu.cn/product/base），然后进行账号的注册，新注册的用户赠送 100 万 tokens 调用，如图 8-7 所示。

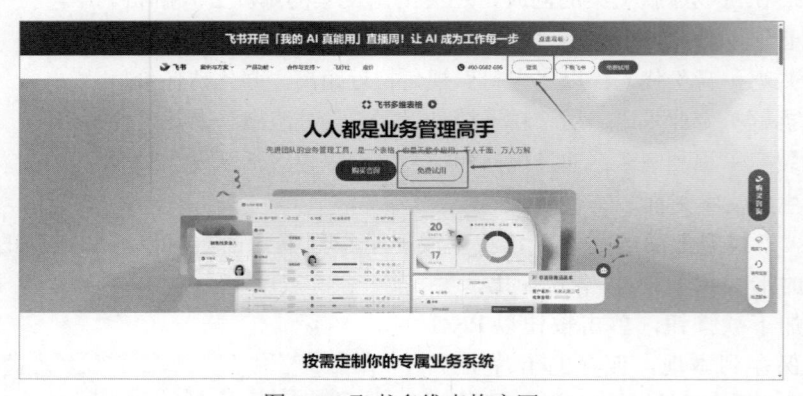

图 8-7　飞书多维表格官网

步骤02 账号注册成功后进行登录，然后单击"新建多维表格"按钮，创建一个全新的多维表格，如图 8-8 所示。

第 8 章　新媒体内容创作与传播策略全解析

图 8-8　新建多维表格

新创建的默认表格如图 8-9 所示。

图 8-9　默认多维表格

步骤 03 对默认表格进行处理，删除多余的列，只保留第一列，并将其名称更改为"选题"，删除与改名操作需要在表格对应列的表头处右击，在弹出的快捷菜单中选择相应命令，进行处理。如图 8-10 所示。

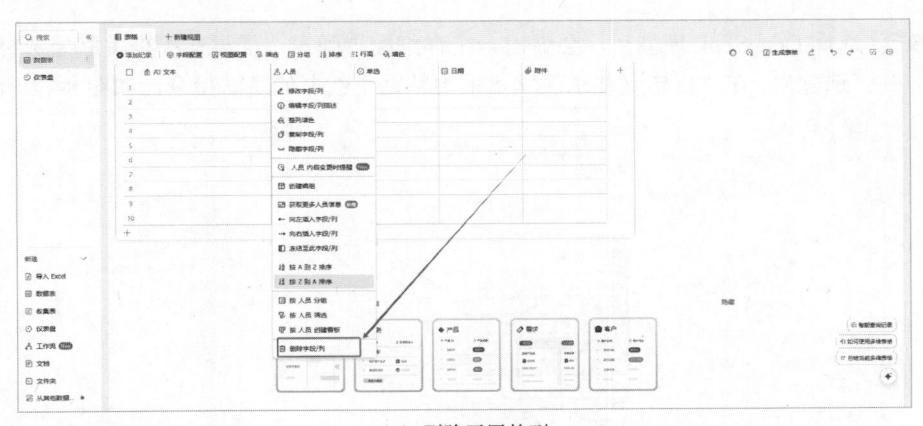

（a）删除无用的列

图 8-10　处理默认表格

167

（b）修改列标题

图 8-10　处理默认表格（续）

步骤04 在第一列"选题"中添加一个选题，如"哪吒 2 破百亿"，然后单击表格右侧的"+"按钮新建一列，设置 DeepSeek 机器人，如图 8-11 所示。

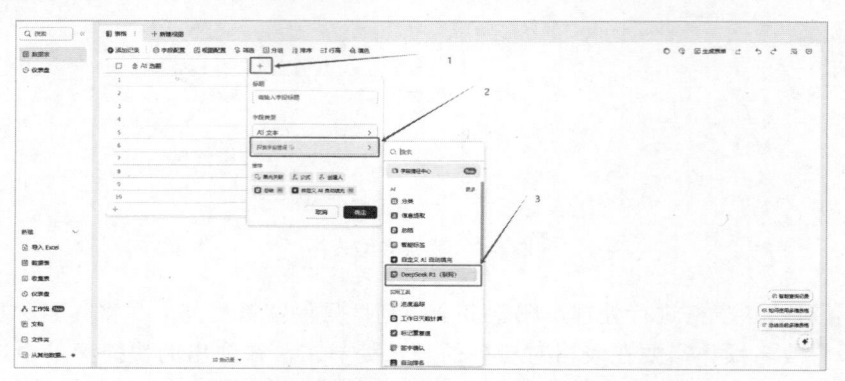

图 8-11　新增一列设置 DeepSeek 机器人

步骤05 选择 DeepSeek 模型后，会弹出一个详细配置弹窗，需要在指令关联处选择之前创建的第一列"选题"，在"自定义要求"文本框中粘贴小红书的魔法指令，如图 8-12 所示。

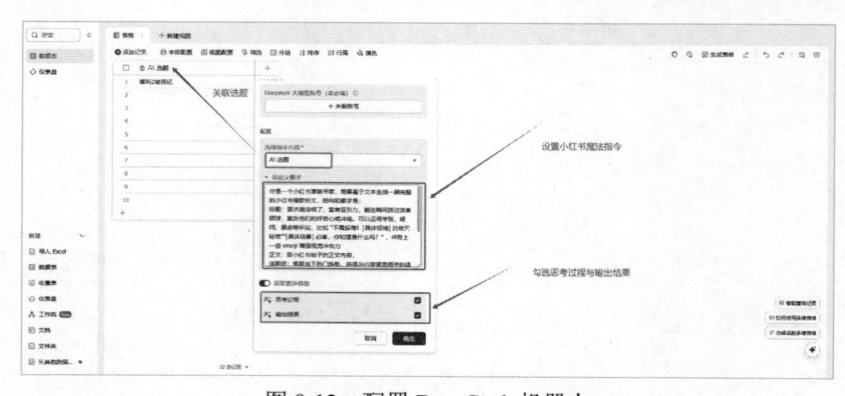

图 8-12　配置 DeepSeek 机器人

步骤06 新建一列"正文",用来从 DeepSeek 的输出结果中提取文案正文,如图 8-13 所示。

(a)创建"正文"列并应用信息提取功能

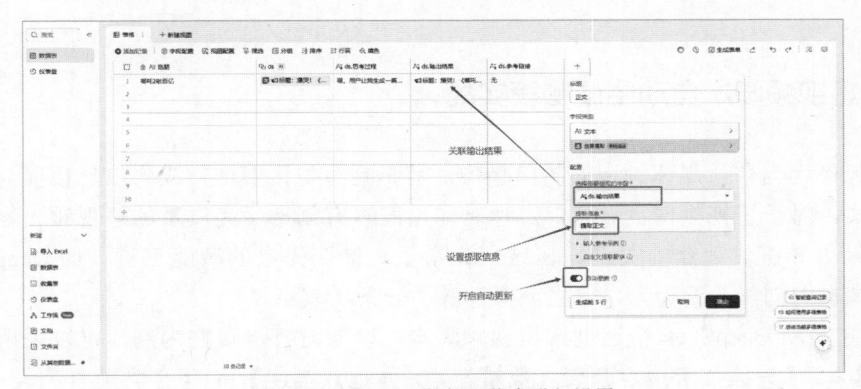

(b)对"正文"列的提取信息进行设置

图 8-13 新建"正文"列并提取正文内容

可以重复步骤 05 的操作,新增"标题""关键词""互动内容"等列,用来获取所需的内容信息。双击某一列的单元格,可以查看完整信息,如图 8-14 所示。

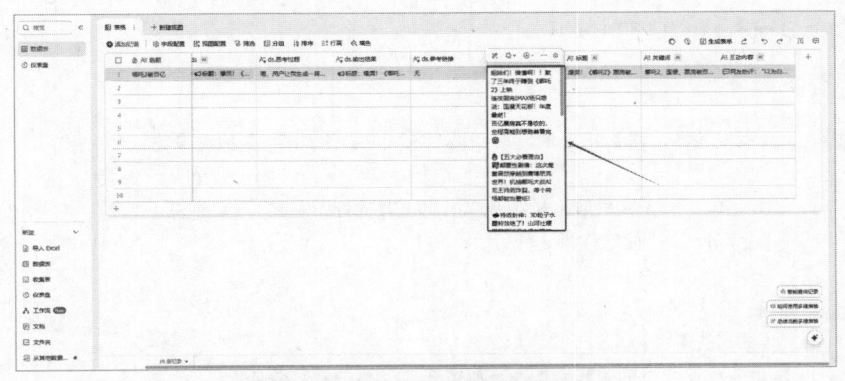

图 8-14 查看单元格的完整信息

步骤07 批量生成小红书文案，在第一列"选题"中输入想要创作的主题，就可以等待AI自动完成文案的生成工作，如图8-15所示。

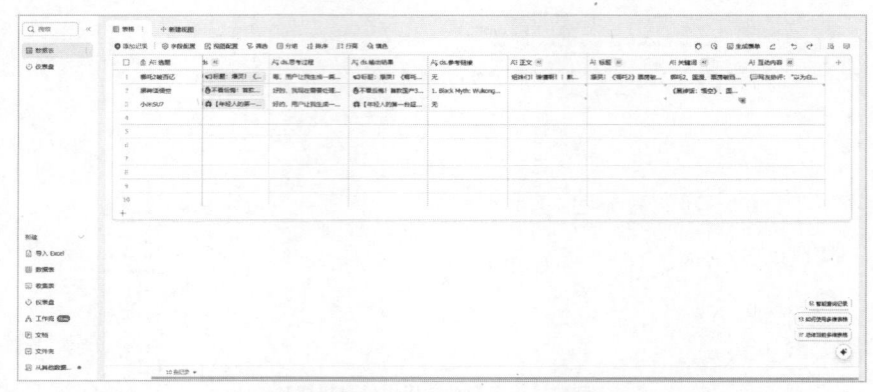

图8-15 批量生成小红书文案

8.5.2 短视频脚本自动生成秘籍实战

短视频作为当今新媒体领域的热门趋势，其影响力与日俱增，成为信息传播与娱乐消费的重要方式。对于短视频博主而言，迅速制作出既富有创意又高质量的短视频内容，是保持竞争力、吸引并留住观众的关键。在这一背景下，借助先进的智能工具（如DeepSeek）进行短视频脚本的创作，无疑为内容生产者开辟了一条高效路径。

步骤01 借助DeepSeek快速创建短视频脚本，以旅游打卡攻略为例，可以采用【旅游目的地介绍】+【最佳打卡地点列表（数量）+具体地点描述】+【必尝美食列表（数量）+美食描述】+【总结感言】的公式。

提示词："我是一个旅游博主，我想要做一期关于武汉旅游的视频，请帮我生成视频文案，文案中要列出武汉最佳打卡旅游的5处地方，还要列出5种必吃的美食，最后要做一个总结。"如图8-16所示。

图8-16 借助DeepSeek创建短时频脚本

输出内容示例：

> **DeepSeek：**【武汉旅游攻略】48小时玩转江城！5大必打卡地标+5种灵魂美食全揭秘
>
> 开场镜头：无人机航拍长江两岸风光，背景音乐响起
> （字幕：九省通衢 江湖之城）
>
> 🎬第一部分：5大必打卡地标
> 【黄鹤楼】- 穿越千年的诗意坐标
> 镜头：夕阳下的黄鹤楼特写→游客在白云阁拍黄鹤楼全景

DeepSeek: （字幕提示：西门进避开人潮，登顶看长江如画）
"昔人已乘黄鹤去，这里藏着李白的浪漫与崔颢的乡愁"
【东湖绿道】- 都市里的山水秘境
镜头：骑行者在湖中道穿行→氢气球升空俯瞰湖岛
（字幕：国内最长城市绿道，5A级免费景区）
"33平方公里的水墨长卷，骑行、帆船、热气球，解锁N种诗意玩法"
【晴川阁铁门关】- 汉阳最美古风机位
镜头：汉服少女凭栏远眺→无人机穿越铁门关拱门
（字幕：晴川历历汉阳树，古今同框最佳取景框）
"朱阁飞檐与鹦鹉洲大桥同框，一秒穿越时空的魔幻之境"
【黎黄陂路】- 汉口旧时光博物馆
镜头：咖啡厅露台慢镜头→巴公房子航拍
（字幕：武汉版"武康路"，17处百年老建筑）
"俄式红砖房与文艺小店交错，每个转角都是民国风情大片"
【知音号】- 长江上的沉浸式剧场
镜头：游客身着旗袍登船→船舱内互动表演
（字幕：全球首部漂移式实景剧，每晚19:30启航）
"登上这艘蒸汽轮船，你就是民国往事的主角"

🍜 第二部分：5种必吃灵魂美食
【热干面】- 唤醒清晨的芝麻暴击
特写：老师傅掸面的力道→拌开时升腾的热气
（字幕：蔡林记非遗技艺，配蛋酒更地道）
推荐店：汉口民生甜食馆总店
【武昌鱼】- 毛泽东点赞的江城至味
镜头：孔雀开屏造型清蒸鱼→筷子夹起雪白鱼肉
（字幕：毛主席"才饮长江水，又食武昌鱼"）
推荐店：湖锦酒楼（辣得跳套餐更过瘾）
【鲜鱼糊汤粉】- 长江边的早餐哲学
特写：油条浸入浓稠鱼汤→撒上虾皮葱花
（字幕：用20+种小鱼熬制的黄金汤底）
推荐店：老杨家鲜鱼糊粉（配油条是灵魂）
【藕汤】- 武汉人的乡愁密码
慢镜头：砂锅沸腾的藕汤→拉丝的粉藕特写
（字幕：入选非遗的铫子煨汤技艺）
推荐店：董厨煨汤馆（冬季限定美味）
【油饼包烧麦】- 碳水炸弹的终极狂欢
特写：金黄油饼剖开瞬间→塞入四个重油烧麦
（字幕：赵师傅独创，粮道街排队王）
攻略：买咖啡套餐可走快速通道

✴ 终极总结：
镜头切换：江汉关钟楼倒计时→两江四岸灯光秀绽放
"这里是江湖气与烟火气交织的武汉，早餐从一碗热干面开始，在长江轮渡的汽笛声中，邂逅古典与现代的双面浪漫。记住，武汉不是中转站，而是值得你停留三天三夜的目的地！"

结束画面：黄鹤楼雪糕与樱花同框
（字幕：三月的武汉，还有全球绝美的樱花雨等你邂逅…）

步骤02 由于 DeepSeek 本身不具备短时频生成功能，所以，需要使用一些第三方工具将 DeepSeek 生成的视频脚本转换为短视频。此处以剪映 PC 版为例（其使用方式与移动端 App 基本一致），前往剪映官网下载 Windows 版安装包，如图 8-17 所示。

步骤03 安装剪映，并打开。选择"图文成片"功能，如图 8-18 所示。

图 8-17　剪映官网安装包下载页面　　　　图 8-18　选择"图文成片"功能

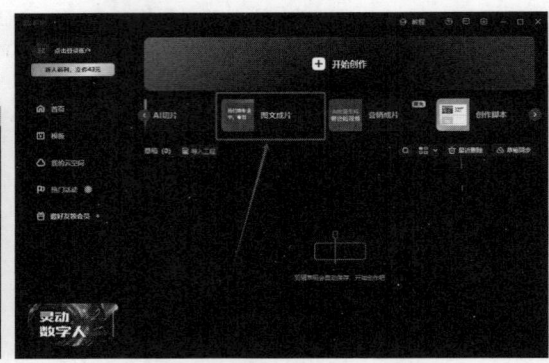

然后在弹出的界面中选择"自由编辑文案"功能，将 DeepSeek 生成的视频脚本粘贴到文本框中，进行短视频的生成，如图 8-19 所示。

（a）选择"自由编辑文案"功能　　　　（b）粘贴脚本文案

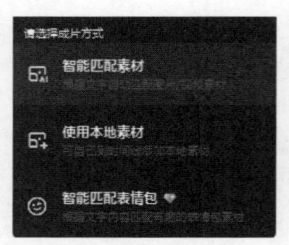

（c）选择短视频生成方式　　　　（d）等待短视频生成

图 8-19　通过视频脚本生成短视频

生成的短视频效果如图 8-20 所示。

图 8-20 最终生成的短视频

8.5.3　10 分钟产出微信公众号爆文实战案例

在这个信息爆炸的时代，内容的生产速度犹如潮水般汹涌，让人时常感受到内容创作带来的巨大压力。面对这样的挑战，你是否渴望拥有一个能够助你轻松撰写出高质量内容的得力助手？对于公众号推文创作者而言，如何高效地生成既具有深度又富吸引力的内容，无疑是一个亟待解决的重要课题。在这个背景下，借助 DeepSeek 这类先进的 AI 创作工具来进行推文的撰写，已经逐渐成为一种潮流和趋势。

案例：作为一名公众号推文创作者，如何借助 DeepSeek 高效且高质量地创作爆款推文内容？

步骤01　向 DeepSeek 提问，确定热点选题，使文章更容易获得流量推广，提高文章的阅读率和分享率，从而有效避免图文处于流量洼地的风险。可以采用【（关键词1：职场焦虑）+（关键词2：副业赚钱）+（关键词3：认知提升）】×【（标题类型1：痛点共鸣型）+（标题类型2：悬念反转型）+（标题类型3：数字量化型）】+【情绪词：（恐怖/惊人/偷偷/揭秘）】的公式结构。

提示词：

"请根据以下关键词，生成 30 个公众号爆款标题，要求：

（1）关键词：副业赚钱、认知提升、职场焦虑。

（2）标题类型：痛点共鸣型、数字量化型、悬念反转型。

（3）加入情绪词：偷偷、揭秘、恐怖、惊人"。

使用效果如图 8-21 所示。

输出结果如图 8-22 所示。

图 8-21 微信公众号爆款推文选题　　图 8-22 爆款推文标题生成结果效果图

使用公式结构生成推文标题时，可以参考表 8-1 进行相关元素的设置。

表 8-1 微信公众号爆款推文核心要素分析

类　别	具体示例 / 类型	主要作用
关键字	疑问词：如何、为什么、怎样、难道	引发读者好奇心，降低阅读门槛
	热点话题：最新政策、明星事件、节日热点	结合热点提高搜索流量
	数字符号：10 个技巧、3 天速成、90% 的人不知道	用数字增强信息具体化
	身份标签：职场人、宝妈、学生、创业者	精准定位目标人群
	行动指令：速看、马上删、紧急通知	制造紧迫感促点击
标题类型	悬念式："这件事，90% 的人都做错了！"	利用信息差制造悬念
	实用指南："3 步教你摆脱拖延症"	提供明确价值导向
	痛点共鸣："工资 3000，房租 2500：年轻人如何破局？"	直击用户生活 / 情感痛点
	对比反差："月薪 5 千和 5 万的人，差距在这 3 点"	通过对比激发求知欲
	故事化标题："从负债 50 万到年入百万，他只做了一件事"	以故事性增强代入感
情绪词	积极情绪：感动、惊喜、逆袭、爆火、轻松	调动读者情绪共鸣（如感动或焦虑）
	负面情绪：焦虑、愤怒、扎心、崩溃、后悔	调动读者情绪共鸣（如感动或焦虑）
	惊叹词：绝了、震惊、重磅、颠覆、奇迹	用夸张词强化标题冲击力
	群体共鸣：泪目、破防、真相、终于、警惕	通过群体认同感引发传播

步骤 02 从 DeepSeek 中生成的推文标题中挑选出一条符合要求的标题，基于推文标题，进行框架填充，快速生成初稿内容。

第 8 章 新媒体内容创作与传播策略全解析

提示词：

"请以《同事天天摸鱼却升职加薪？揭秘他偷偷提升认知的惊人手段》为题，写一篇公众号文章，要求：

（1）结构：痛点引入 + 3 个认知误区 + 3 个破解方法 + 金句总结。

（2）风格：口语化、犀利吐槽、代入感强。

（3）案例：加入职场 / 情感 / 搞钱的真实场景"。

使用效果如图 8-23 所示。

输出结果如图 8-24 所示。

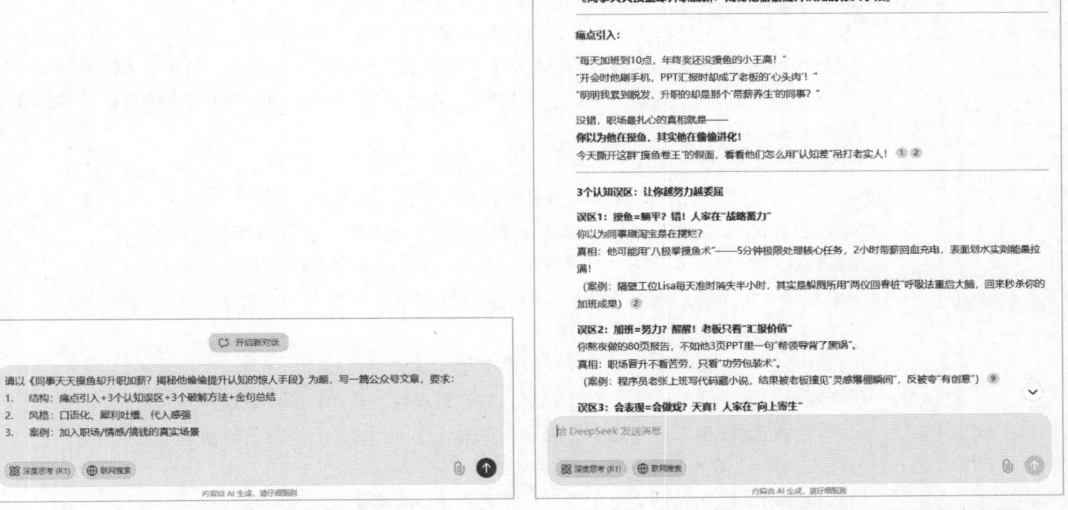

图 8-23　基于推文标题进行框架填充

图 8-24　进行推文内容框架填充的效果图

步骤 03　人设叠加，让推文更富有情感，更具温度。

提示词："请在初稿基础上，把推文内容改成 95 后职场人口吻，加入一些自黑吐槽、热门梗以及情绪化表达和具体场景。"如图 8-25 所示。

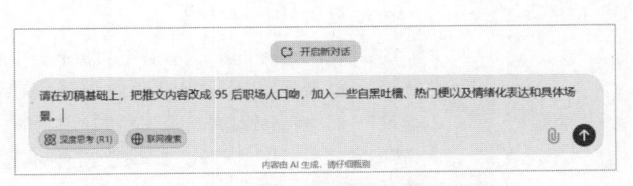

图 8-25　对推文内容进行人设叠加

输出内容示例：

> **DeepSeek**　《同事天天摸鱼却升职加薪？揭秘他偷偷提升认知的惊人手段》
> 痛点引入：
> "早 C 晚 A 是我，PPT 女工是我，每天带薪拉屎 3 次的同事升职加薪的还是我？？？"
> "他上班刷星穹铁道，开会演'好的明白'，结果年终奖比我多俩零！"
> "我 PPT 改到第 18 版，人家用 AI 生成的方案被老板夸'年轻人有网感'！"
> 救命，这也太真实了！

175

DeepSeek： 表面摆烂的同事，背地里早就把《职场进化论》玩成了《重生之我在公司薅资源》！今天本卑微乙方含泪开扒——摸鱼摸成卷王，才是95后的终极职场哲学！

3个认知误区：你还在用驴脑打工啊？

误区1：摸鱼＝躺平？错！这是新型职场光合作用

你以为人家带薪拉屎是在刷抖音？

漏！他是在厕所用BOSS直聘偷偷面试！（别问我怎么知道的）

（真实案例：隔壁工位陈哥每天10点准时消失，后来才发现人家在楼梯间搞TikTok带货，现在副业收入够买雪王一个区！）

误区2：加班＝努力？笑死！老板根本不会点开你凌晨发的文件

"00后整顿职场"都是虚的，真正的狠人早就把《甄嬛传》职场学刻进DNA！

（破防现场：我肝到结节增生做的80页结案报告，被老板说"像老太太的裹脚布"，摸鱼大王用Canva模板5分钟搞的PPT，被夸"有互联网思维"）

误区3：会表现＝舔狗？天真！人家在搞老板代餐文学

他摸鱼时刷的不是剧，是领导的即刻动态！带薪拉屎时看的不是小说，是行业大佬的朋友圈！

（现学现卖：上次听摸鱼搭子说"AIGC风口要来了"，转头就用ChatGPT给老板画饼，现在人家成重点项目负责人了）

3个破解方法：从牛马打工人到职场老六

方法1：学会带薪光合作用——摸最野的鱼，养最贵的生

早会装听讲实际在练八段锦（别笑！我司卷王靠这招从ICU作息变成精神小伙）

带薪拉屎时用微信读书刷《穷爸爸富爸爸》（拉完记得冲水时点语音转文字做笔记）

重要提示：摸鱼时别用企业微信！切换成深色模式+宋体小字，防老板闪现

方法2：把老板变成你的真人NPC

周报文学：把"带薪刷剧"写成《洞察Z世代情绪热点》

反向画饼："王总，我研究TikTok暴富案例到凌晨3点（实际在玩原神），发现个新赛道…"

必杀技：抢在老板前说"这个需求是不是要…"，让他觉得你偷了他脑子

方法3：用AI给努力上科技狠活

周报生成器+AI自动回"好的呢"＝每天多2小时搞副业

用Midjourney把老板丑照生成赛博朋克头像，哄开心了啥都好说

真实案例：朋友用ChatGPT写"自愿加班申请书"，成功骗到调休去音乐节

金句总结：

职场哪有什么躺和卷，只有会摸的和不会摸的

真正的00后整顿职场：用老板的Wi-Fi下片，用公司的咖啡机泡枸杞，用带薪时间搞钱

建议把《如何高效摸鱼》加入九年义务教育，比做五三有用多了！

（转发到"相亲相爱一家人"并配文：妈！这才是你让我考编的真正意义！）

摸鱼福利：

关注后回复"带薪搞钱"，领取：

1.《企业微信防窥摸鱼指南》

2.《如何把公司打印机变成副业工具》

3.《老板最怕员工知道的劳动法条款》

"带薪拉屎是基本人权，带薪搞钱才是真本事"

——《95后职场摸鱼学导论》

第 9 章

DeepSeek + 智能工具协同应用实战

本章概述

在当今信息爆炸的时代，高效处理信息并将其转化为清晰易懂的可视化表格变得尤为重要。DeepSeek 作为一款强大的信息处理工具，其应用范围早已超越了简单的文本处理。为了帮助用户更好地理解和应用 DeepSeek 的拓展功能，本章将深入探讨 DeepSeek 与其他工具的协同应用，展示如何利用 DeepSeek 的强大功能提升工作效率和创造力。

知识导读

本章要点（已掌握的在方框中打钩）
- ☐ DeepSeek + XMind：生成思维导图。
- ☐ DeepSeek + Mermaid：生成专业图表。
- ☐ DeepSeek + 蝉镜：实现视频的快速制作。
- ☐ 高效密码。

9.1 DeepSeek + XMind：生成思维导图

在当今信息爆炸的时代，如何高效地整理、归纳和记忆大量的知识成为每个人都面临的挑战。思维导图作为一种可视化的思维工具，能够帮助我们快速构建知识体系，提升学习和工作的效率。下面将介绍一款功能强大的思维导图软件 XMind，以及如何结合 DeepSeek 生成高质量的思维导图内容。

9.1.1 XMind 是什么，如何使用

XMind 是一款全球知名的专业思维导图软件，凭借其直观的图形化界面和跨平台特性，广泛应用于知识管理、项目规划和团队协作等多个场景。该软件不仅兼容 Windows、 macOS、Linux 等主流操作系统，还具备以下优势：

（1）用户体验：采用极简的交互设计和丰富的行业模板库，帮助用户快速上手，轻松创作。

（2）功能扩展：提供从主题样式到布局架构的全链路自定义设置，支持思维导图与 PDF、Office 文档等十余种格式的无缝转换。

（3）协同办公：依托智能云端同步技术，实现多终端实时数据互通，助力跨地域团队协作和移动办公场景下的灵感捕捉与方案优化。

这些特性使 XMind 成为提升个人效率与组织效能的理想数字化工具。

XMind 提供两种使用方式：一是通过官网下载安装包，进行本地安装；二是直接在官网在线使用。接下来，将详细介绍如何在线使用 XMind。

步骤01 通过网址或百度搜索访问 XMind 官网，如图 9-1 所示。

图 9-1　XMind 官网

说明：XMind 的官网网址为 https://xmind.cn/。

步骤02 单击页面右上角的用户图标，进行账号登录，如图 9-2 所示。

图 9-2　XMind 登录注册

第 9 章　DeepSeek + 智能工具协同应用实战

提示：若已有账号，直接登录即可；若无账号，请在注册后登录。

步骤03 登录成功后选择"在线导图"选项卡，进入在线制作思维导图页面，如图 9-3 所示。

图 9-3　在线导图

步骤04 单击"新建导图"按钮，打开新建导图页面，如图 9-4 所示。

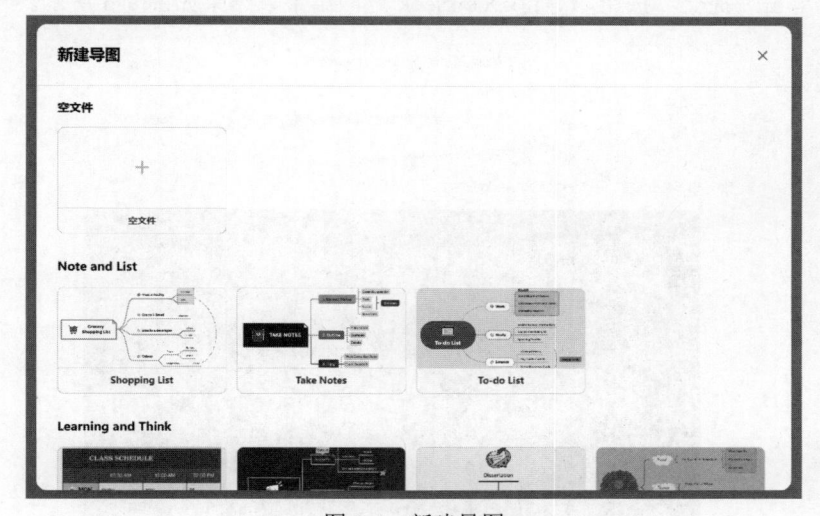

图 9-4　新建导图

步骤05 单击"空文件"按钮，创建思维导图，如图 9-5 所示。

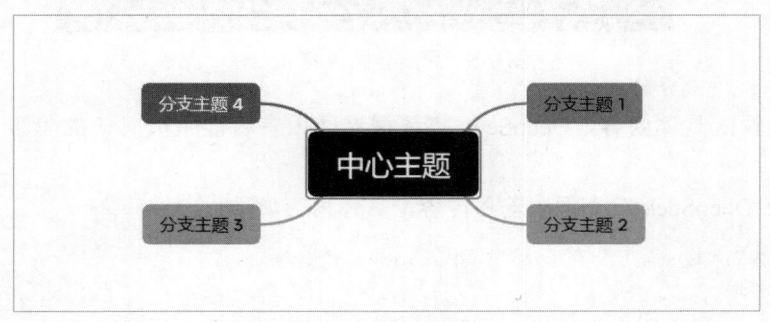

图 9-5　思维导图

至此，就完成了一个思维导图的新建。XMind 还为用户提供了多种思维导图模板，在新建思维导图时，也可根据自己的需求选择要使用的模板。

9.1.2 DeepSeek 生成思维导图内容

DeepSeek 是一款依托人工智能技术打造的写作辅助利器，它能够根据用户输入的关键词，智能生成高品质的文章、报告等各类内容。借助 DeepSeek 的强大功能，能够更加高效地创作出思维导图所需的文本素材。

生成思维导图内容，有以下 3 种便捷方式。

（1）通过设定主题，让 DeepSeek 自动生成与主题相关的思维导图内容，具体步骤如下：

步骤01 在 DeepSeek 输入框中输入内容，如"生成一个市场营销的思维导图，结果以 Markdown 的形式返回"。

步骤02 单击"提交"按钮，等待 DeepSeek 返回结果，结果如图 9-6 所示。

图 9-6　思维导图内容（一）

（2）直接输入具体内容，DeepSeek 将依据这些内容智能生成对应的思维导图，具体步骤如下：

步骤01 在 DeepSeek 输入框中输入内容，具体内容如下：

```
请根据以下内容生成一个思维导图，结果以 Markdown 的形式返回
主题：时间管理
目标设定
    短期目标
```

```
        长期目标
    任务分类
        重要且紧急
        重要但不紧急
        紧急但不重要
        不紧急也不重要
    工具与方法
        待办清单
        番茄工作法
        时间块
    优先级排序
        根据重要性
        根据截止日期
    反思与调整
        每日回顾
        每周总结
        持续改进
```

步骤02 单击"提交"按钮,等待 DeepSeek 返回结果,结果如图 9-7 所示。

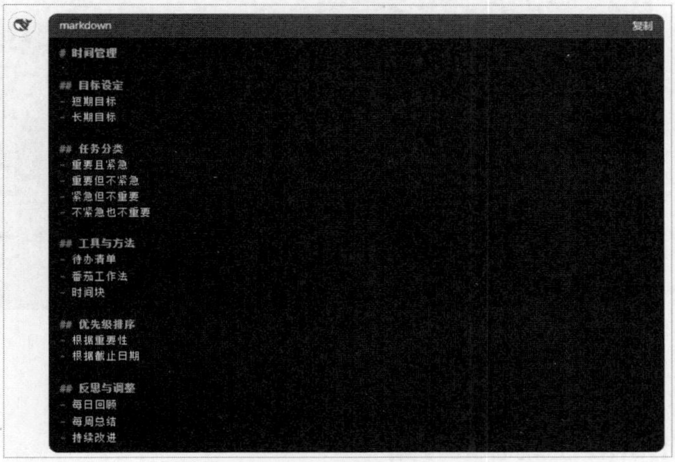

图 9-7 思维导图内容(二)

(3)上传文件,DeepSeek 会解析文件内容,并据此生成相应的思维导图,具体步骤如下:

步骤01 在 DeepSeek 输入框中选择上传文件,在文件上传完成后输入"请根据文件内容生成思维导图,结果以 Markdown 的形式返回",文件内容如下:

```
个人成长规划
目标设定
    短期(1-2年):提升专业技能,获得相关证书
    中期(3-5年):在工作中独当一面,晋升为团队负责人
    长期(5年以上):成为行业专家,具备影响力
技能提升
    专业知识:定期学习课程,阅读专业书籍
```

```
    通用技能：沟通、时间管理、领导力等
实践锻炼
    项目参与：主动承担重要项目
    经验积累：向优秀同事学习，总结工作经验
自我评估
    定期回顾：每月检查目标完成情况
    调整计划：根据实际情况灵活调整规划
```

提示：上传的文件格式为 TXT、DOCX、XLSX 等均可。

步骤02 单击"提交"按钮，等待 DeepSeek 返回结果，结果如图 9-8 所示。

图 9-8 思维导图内容（三）

9.1.3 使用 XMind 生成思维导图

有了 DeepSeek 生成的内容作为基础，接下来就可以充分利用 XMind 这款强大的思维导图软件，将这些信息转换为一张既清晰又精美的思维导图，从而帮助我们更好地理解和运用这些知识。具体实现步骤如下：

步骤01 在 XMind 中新建一张空的思维导图，如图 9-9 所示。

步骤02 单击页面左上角的菜单按钮，在弹出的菜单中选择"导入文件"命令，如图 9-10 所示。

步骤03 在弹出的对话框中单击加号按钮，进行文件导入，如图 9-11 所示。

提示：目前 XMind 支持导入的文件格式有 Xmind、Markdown、OPML、TextBundle、Word（仅限 DOCX）等。

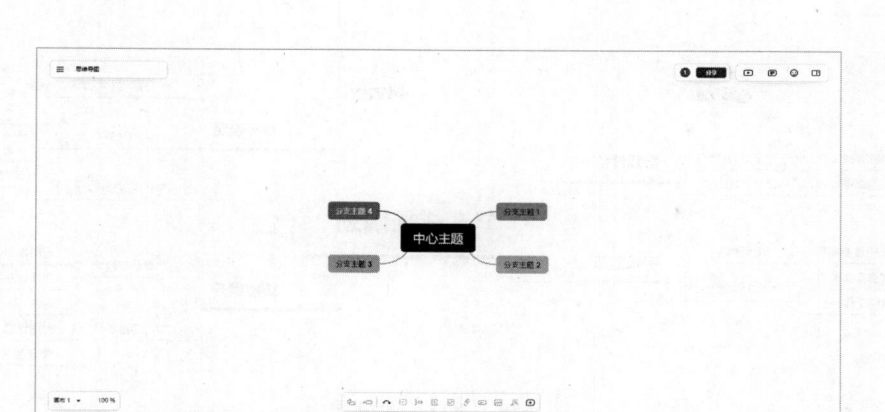

图 9-9　新建思维导图

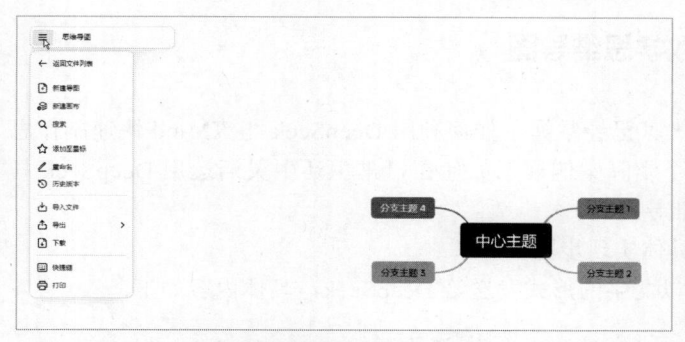

图 9-10　思维导图导入（一）

图 9-11　思维导图导入（二）

步骤04 新建一个扩展名为 .md 的 Markdown 文件，将 10.1.2 节中生成的 Markdown 格式的内容复制到 Markdown 文件中，如图 9-12 所示。

步骤05 将 Markdown 文件导入 XMind 中，如图 9-13 所示。

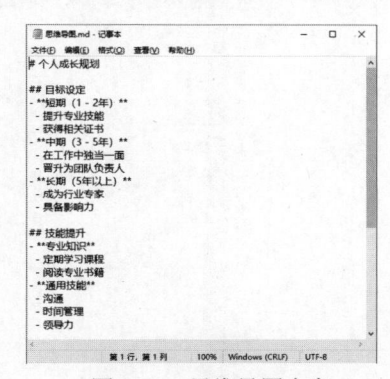

图 9-12　思维导图内容

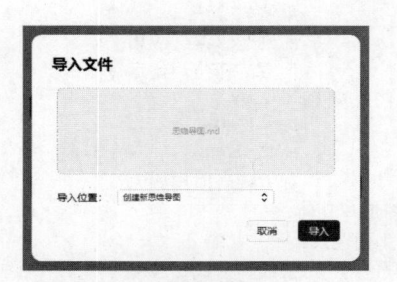

图 9-13　思维导图导入（三）

提示："导入位置"有两个选项，一个是"创建新思维导图"，另一个是"在当前思维导图中导入新画布"，此处选择的是"创建新思维导图"。

步骤06 单击"导入"按钮，生成思维导图，结果如图 9-14 所示。

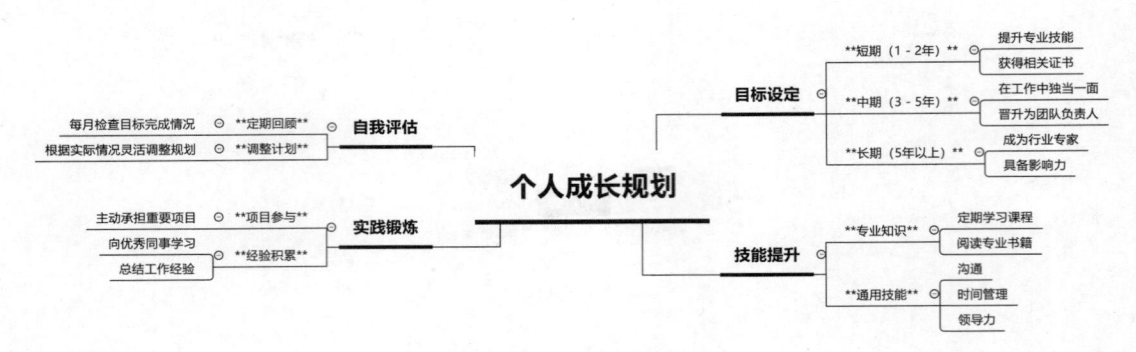

图 9-14　生成的思维导图

9.1.4　实例：快速生成小学数学思维导图

通过前 3 节的详细讲解，相信大家已经掌握了如何利用 DeepSeek 与 XMind 快速制作思维导图的技巧。接下来，将通过一个实际案例展示如何在日常生活中灵活运用 DeepSeek 与 XMind，轻松生成高效、清晰的思维导图。

快速生成小学数学思维导图，具体实现步骤如下：

步骤 01　将小学数学的知识体系以文字的形式发送给 DeepSeek，具体内容如下：

```
请根据以下内容生成一个思维导图，结果以 Markdown 的形式返回
中心主题：小学数学
1.数与代数
    数的认识：
        自然数
        整数（正数、0、负数）
        分数（真分数、假分数、带分数）
        小数（有限小数、无限小数、循环小数）
    数的运算：
        加法与减法
        乘法与除法
        四则运算混合应用
        运算定律与简便运算
    代数初步：
        用字母表示数
        简易方程（一元一次方程）
        列方程解应用题
2.图形与几何
    平面图形：
        直线、射线、线段
        角（锐角、直角、钝角、平角、周角）
        三角形（按边分、按角分）
        四边形（长方形、正方形、平行四边形、梯形）
        圆与扇形
    立体图形：
        长方体与正方体
        圆柱与圆锥
```

```
                    球的初步认识
            图形的变换：
                    平移、旋转、对称
            图形的位置与测量：
                    用数对表示位置
                    面积与周长的计算
                    体积与容积的计算
    3．统计与概率
            数据的收集、整理与分析：
                    统计表
                    条形统计图、折线统计图、扇形统计图
            可能性：
                    事件的确定性与不确定性
                    可能性的大小
                    概率的初步认识
    4．实践与应用
            解决实际问题：
                    和差倍问题
                    盈亏问题
                    鸡兔同笼问题
                    行程问题
            数学广角：
                    鸽巢问题（抽屉原理）
                    植树问题
                    逻辑推理
                    最优化问题
```

步骤02 等待 DeepSeek 返回 Markdown 形式的结果，具体结果如下：

```
# 小学数学
## 1. 数与代数
### 数的认识
- 自然数
- 整数（正数、0、负数）
- 分数（真分数、假分数、带分数）
- 小数（有限小数、无限小数、循环小数）
### 数的运算
- 加法与减法
- 乘法与除法
- 四则运算混合应用
- 运算定律与简便运算
### 代数初步
- 用字母表示数
- 简易方程（一元一次方程）
- 列方程解应用题
## 2. 图形与几何
### 平面图形
- 直线、射线、线段
- 角（锐角、直角、钝角、平角、周角）
- 三角形（按边分、按角分）
- 四边形（长方形、正方形、平行四边形、梯形）
- 圆与扇形
### 立体图形
```

```
    - 长方体与正方体
    - 圆柱与圆锥
    - 球的初步认识
### 图形的变换
    - 平移、旋转、对称
### 图形的位置与测量
    - 用数对表示位置
    - 面积与周长的计算
    - 体积与容积的计算
## 3．统计与概率
### 数据的收集、整理与分析
    - 统计表
    - 条形统计图、折线统计图、扇形统计图
### 可能性
    - 事件的确定性与不确定性
    - 可能性的大小
    - 概率的初步认识
## 4．实践与应用
### 解决实际问题
    - 和差倍问题
    - 盈亏问题
    - 鸡兔同笼问题
    - 行程问题
### 数学广角
    - 鸽巢问题（抽屉原理）
    - 植树问题
    - 逻辑推理
    - 最优化问题
```

步骤03 将 DeepSeek 返回的结果保存在 Markdown 文件中。

步骤04 打开 XMind，然后将 Markdown 文件导入 XMind 中生成思维导图，如图 9-15 所示。

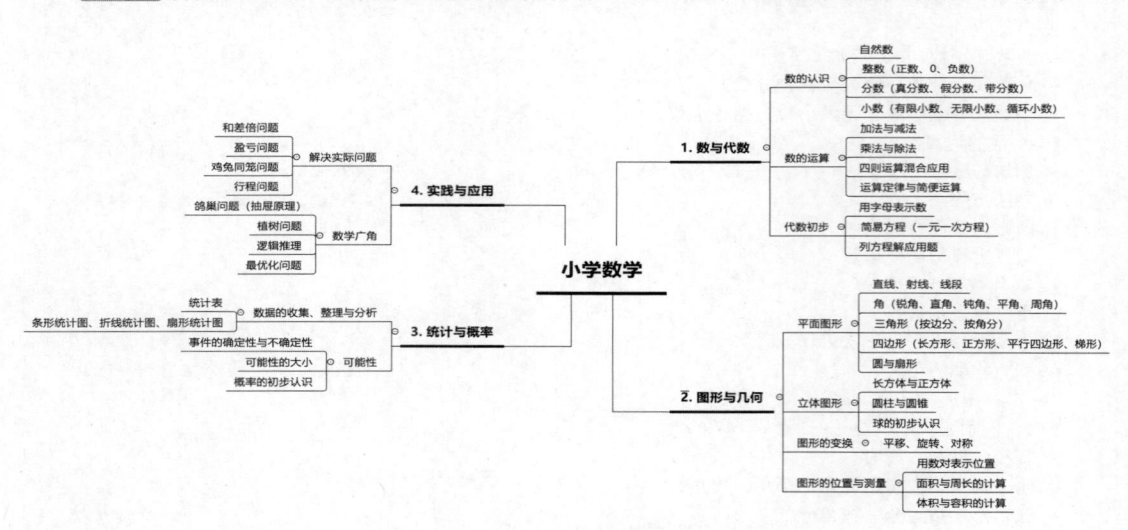

图 9-15　小学数学思维导图

9.2 DeepSeek + Mermaid：生成专业图表

在当今数字化时代，数据可视化已成为信息传达的关键手段。无论是在商业演示、学术研究还是日常沟通中，清晰直观的图表都能极大地提升信息传递的效率与准确性。然而，对于非专业设计人员而言，制作出既美观又专业的图表并非易事。本节将介绍一种强大的组合工具 DeepSeek 与 Mermaid，它们能够轻松生成高质量的专业图表，让数据可视化变得简单高效。

9.2.1 Mermaid 是什么，如何使用

Mermaid 是一个基于 JavaScript 的图表和图解工具，它允许用户以文本和代码的形式创建和修改多种类型的图表，如流程图、序列图、甘特图、类图等。Mermaid 不仅简化了图表的创建过程，还使得图表与文档保持同步，成为项目管理和技术文档编写的得力助手。

使用 Mermaid 创建图表非常简单。用户只需编写符合 Mermaid 语法的文本代码，这些代码通常包括图表的类型、元素，以及它们之间的关系等信息。然后，可以将这些代码粘贴到支持 Mermaid 语法的编辑器中，如 Mermaid Live Editor、Markdown 编辑器、Typora 等，即可实时预览和生成图表。此外，Mermaid 还支持多种集成方式，可以与 GitHub、GitLab、Visual Studio Code 等流行的应用程序无缝集成，提高了工作效率和便捷性。

Mermaid 的具体使用方法如下：

步骤 01 通过网址或百度搜索访问 Mermaid 官网，如图 9-16 所示。

图 9-16　Mermaid 官网

说明：此处访问的 Mermaid 的中文网，网址为 https://mermaid.nodejs.cn/，官网地址为 https://mermaid.js.org/，用户可根据自己的需求选择。

步骤 02 单击页面右上角的"在线编辑器"按钮，进入 Mermaid 在线编辑器页面，如图 9-17 所示。

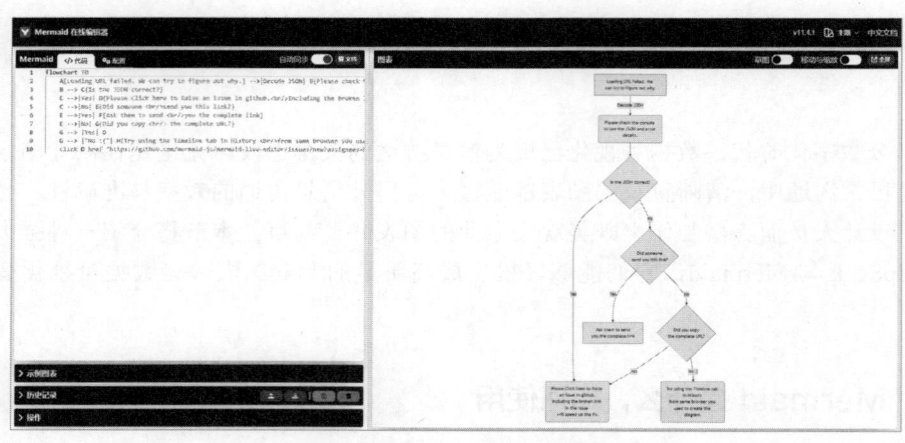

图 9-17 Mermaid 在线编辑器

此刻，我们便能够借助编程之手，绘制出精美的图表。然而，对于不谙代码之艺的普通工作者而言，他们又如何能够驾驭 Mermaid，绘制出心中的图表呢？在接下来的章节中，将揭开这一谜题。

9.2.2 DeepSeek 生成图表内容

虽然 DeepSeek 本身不具备直接生成图表的功能，但它可以通过生成符合 Mermaid 语法的文本代码，间接实现图表的生成。用户只需向 DeepSeek 提供具体的图表类型和描述，即可生成相应的 Mermaid 代码。

例如，用户想要生成一个关于网站登录和退出的流程图，可以向 DeepSeek 输入以下内容：

> 请根据以下内容生成一个流程图，结果以 Mermaid 的形式返回
> 流程描述：
> 1．用户访问网站。
> 2．系统检查用户是否已登录。
>   如果已登录，直接进入主页。
>   如果未登录，跳转到登录页面。
> 3．用户在登录页面输入用户名和密码。
> 4．系统验证用户信息。
>   如果验证成功，进入主页。
>   如果验证失败，显示错误信息并返回登录页面。
> 5．用户在主页可以选择浏览内容或退出登录。
> 6．如果用户选择退出登录，系统清除会话并返回登录页面。

发送成功后 DeepSeek 将会返回一串 Mermaid 格式的代码，具体代码如下：

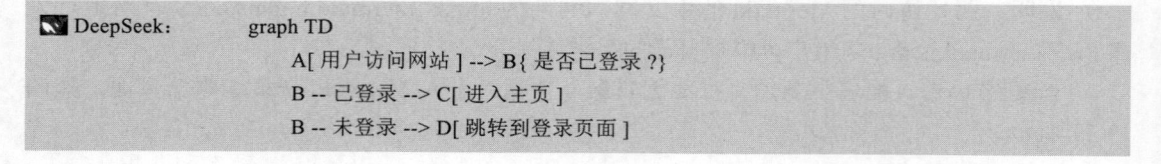

> **DeepSeek：** graph TD
>   A[用户访问网站] --> B{ 是否已登录 ?}
>   B -- 已登录 --> C[进入主页]
>   B -- 未登录 --> D[跳转到登录页面]

> **DeepSeek：**
> D --> E[输入用户名和密码]
> E --> F{ 验证用户信息 }
> F -- 验证成功 --> C
> F -- 验证失败 --> G[显示错误信息]
> G --> D
> C --> H{ 选择操作 }
> H -- 浏览内容 --> I[浏览内容]
> H -- 退出登录 --> J[清除会话]
> J --> D

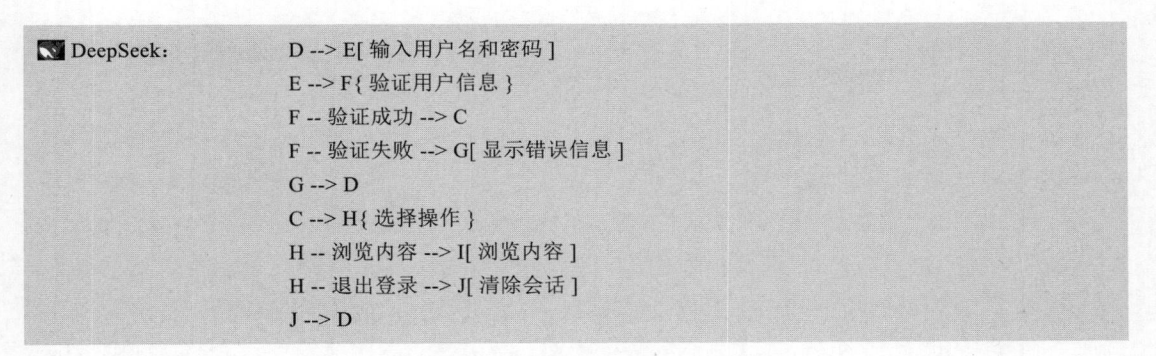

至此，一个 Mermaid 格式的流程图代码就生成完毕了。

9.2.3 使用 Mermaid 生成专业图表

在上一节中，利用 DeepSeek 生成了一段 Mermaid 格式的流程图代码。那么，如何将这段代码渲染为直观的流程图呢？接下来，将详细介绍如何将 Mermaid 格式的流程图代码渲染为精美的流程图。

步骤01 访问 Mermaid 的在线编辑器页面，将 9.2.2 节中生成的代码复制到 Mermaid 在线编辑器的代码输入框中，此时 Mermaid 在线编辑器将会根据输入的代码生成图表，如图 9-18 所示。

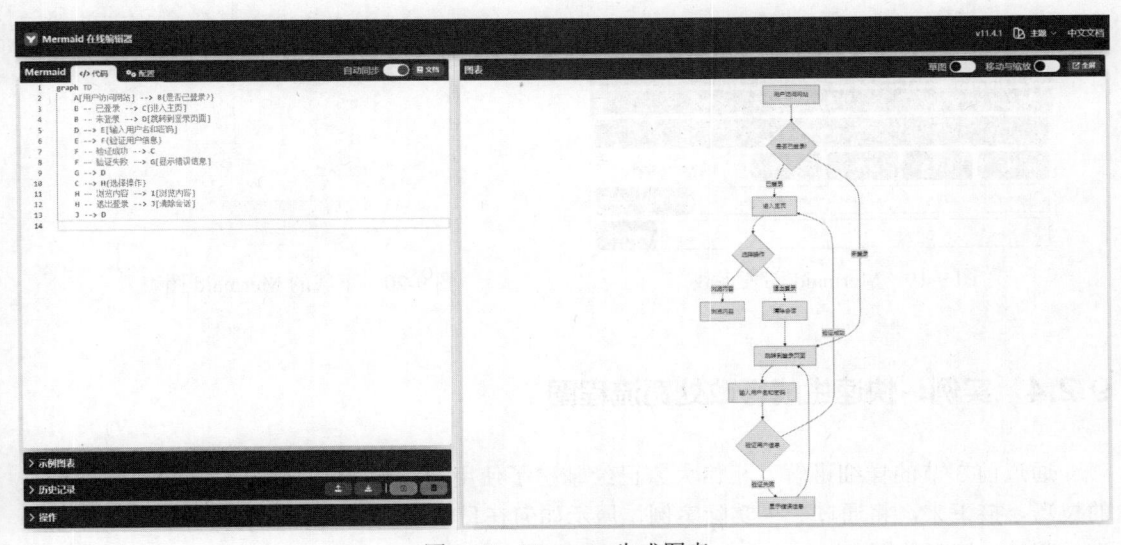

图 9-18　Mermaid 生成图表

步骤02 若需要将生成的图表保存，可在"操作"面板中选择相应格式，下载生成的图表，如图 9-19 所示。

步骤03 下载的图表如图 9-20 所示。

图 9-19　Mermaid 图表下载

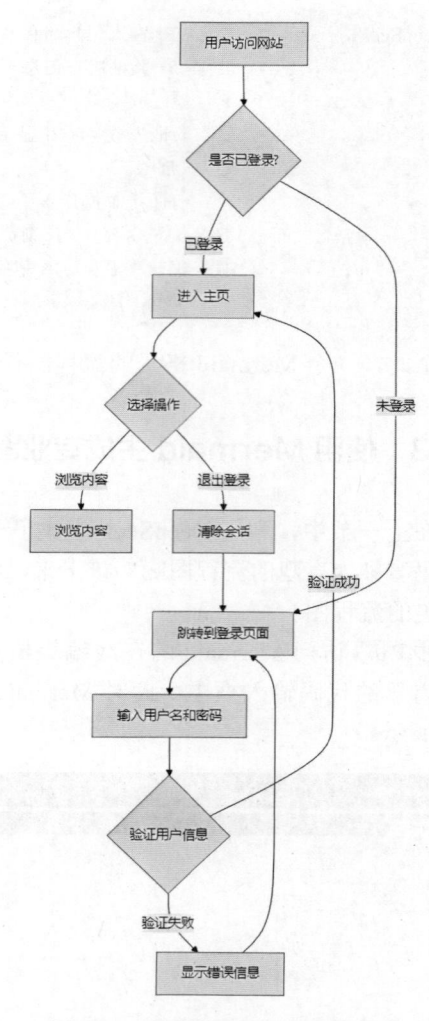

图 9-20　下载的 Mermaid 图表

9.2.4　实例：快速生成行政处罚流程图

通过前 3 节的详细讲解，相信大家已经掌握了使用 DeepSeek 与 Mermaid 快速制作图表的技巧。接下来，将通过一个实际案例，展示如何在日常生活中灵活运用这两款工具，轻松生成高效、清晰的图表。

快速生成行政处罚流程图，具体实现步骤如下：

步骤01　将行政处罚内容以文字的形式发送给 DeepSeek，具体内容如下：

请根据以下内容生成一个流程图，结果以 Mermaid 的形式返回
行政处罚过程描述
1. 案件发现

监管人员在日常检查、举报、投诉或其他途径中发现可能的违法行为。
2. 案件立案
　　　确认违法行为存在且属于管辖范围后，进行案件立案，记录案件基本信息。
3. 调查取证
　　　指派执法人员对案件进行调查，收集证据，包括现场勘查、询问当事人、调取相关文件等。
4. 案件审查
　　　执法部门对收集到的证据进行审查，确认违法事实是否成立，以及违法行为的性质和情节。
5. 告知权利
　　　向当事人告知拟作出的行政处罚决定及其事实、理由、依据，并告知当事人有权进行陈述和申辩。
6. 陈述申辩
　　　当事人可以在规定时间内提出陈述和申辩意见，执法部门应当认真听取并记录。
7. 作出决定
　　　执法部门根据调查结果和当事人的陈述申辩意见，作出行政处罚决定，包括处罚种类和幅度。
8. 送达决定
　　　将行政处罚决定书送达当事人，告知其复议、诉讼的权利和期限。
9. 执行处罚
　　　当事人按照行政处罚决定书的要求履行处罚决定，如缴纳罚款、改正违法行为等。
10. 结案归档
　　　案件执行完毕后，进行结案处理，并将案件材料归档保存。

步骤02 等待 DeepSeek 返回 Mermaid 形式的结果，具体结果如下：

DeepSeek：
```
graph LR
    A[ 案件发现 ] --> B[ 案件立案 ]
    B --> C[ 调查取证 ]
    C --> D[ 案件审查 ]
    D --> E[ 告知权利 ]
    E --> F[ 陈述申辩 ]
    F --> G[ 作出决定 ]
    G --> H[ 送达决定 ]
    H --> I[ 执行处罚 ]
    I --> J[ 结案归档 ]
```

说明：代码中的 LR 表示横向流程图，若要修改代码中的流程图为纵向，只需修改 LR 的值为 TD 即可。

步骤03 复制生成的流程图代码并粘贴到 Mermaid 在线编辑器中，生成流程图，如图 9-21 所示。

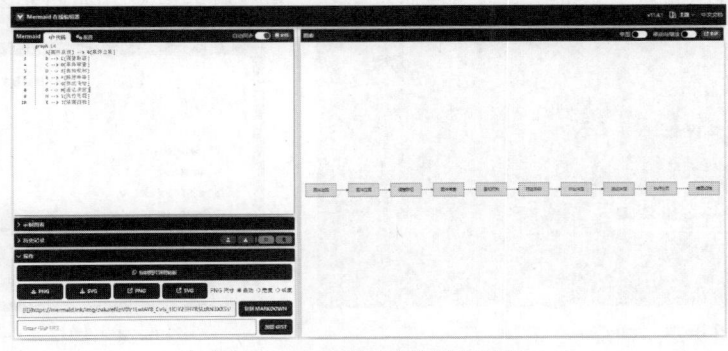

图 9-21　生成行政处罚流程图

步骤04 单击页面左下角的"操作"选项，下载生成的流程图，如图9-22所示。

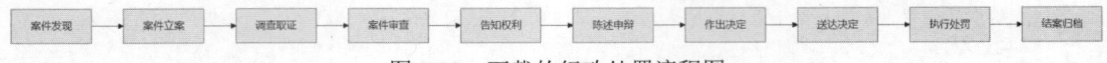

案件发现 → 案件立案 → 调查取证 → 案件审查 → 告知权利 → 陈述申辩 → 作出决定 → 送达决定 → 执行处罚 → 结案归档

图9-22　下载的行政处罚流程图

9.3　DeepSeek + 蝉镜：实现视频的快速制作

在数字化和信息化的浪潮中，内容创作已成为热门领域，尤其是短视频平台的兴起，吸引了大量个人创作者和企业涌入。然而，制作高质量的视频内容并不容易，尤其是对于需要频繁更新的自媒体人来说，如何高效、快速地生产出吸引人的视频成为一大挑战。幸运的是，技术的进步为这一问题提供了解决方案。DeepSeek与蝉镜的结合，能够实现视频的快速制作，极大地简化了视频制作流程，提升了内容产出的效率和质量。

9.3.1　蝉镜是什么，如何使用

蝉镜，作为一款匠心独运的在线视频制作工具，旨在将复杂的视频创作过程化繁为简。无论你是否具备专业的视频编辑技能，只要踏入蝉镜那简洁友好的操作界面，都能轻松创作出媲美专业水准的视频内容。

蝉镜的卓越之处，首先体现在其海量且多元的模板库，以及极为强大的自定义功能上。面对丰富多样的视频创作需求，用户总能在蝉镜的模板库中找到与之契合的模板。随后，通过极为便捷的拖放操作，即可将精心挑选的文字、图片、视频等元素融入其中，短短几步，便能快速生成符合心中预期的视频作品。不仅如此，蝉镜还充分考虑到用户后续分享传播的需求，支持一键导出高清视频，让用户能够毫无阻碍地将作品直接上传至各大热门社交媒体平台。

下面详细介绍蝉镜具体的使用流程。

步骤01 通过网址或百度搜索访问蝉镜官网，如图9-23所示。

说明：蝉镜的官网网址为 https://www.chanjing.cc//。

步骤02 单击页面右上角的"登录/注册"按钮，进行账号登录，如图9-24所示。

图9-23　蝉镜——官网　　　　　　　　图9-24　蝉镜——登录页

步骤03 登录成功后即可进入蝉镜的首页，如图9-25所示。

图9-25 蝉镜——首页

步骤04 选择页面左侧的"创建视频"选项，在弹出的对话框中选择模板比例，如图9-26所示。

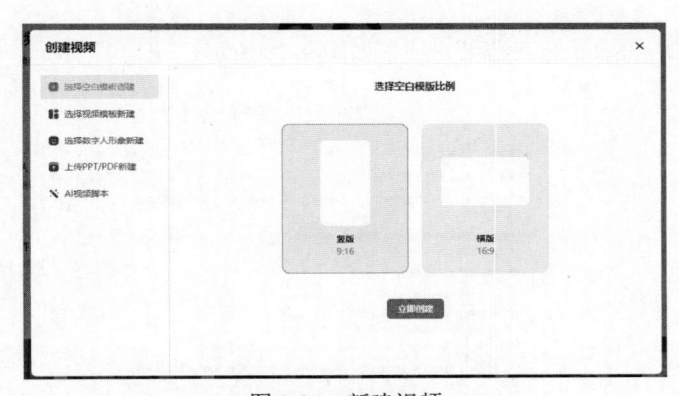

图9-26 新建视频

步骤05 单击"立即创建"按钮，完成视频模板的创建，如图9-27所示。

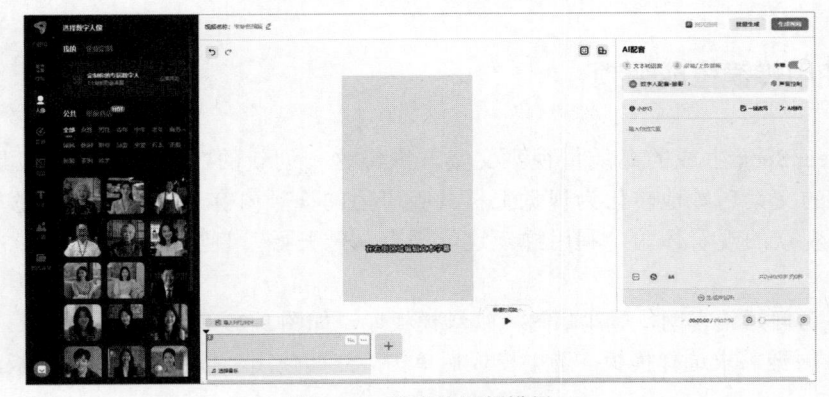

图9-27 新建的视频模板

至此，就可以根据自己的需求来制作视频了，如选择不同的数字人像、音频和背景等，还可以定制自己的专属数字人。

9.3.2 DeepSeek 生成视频文案

如果说蝉镜是视频制作的视觉工具，那么 DeepSeek 则是其背后的智能大脑。DeepSeek 利用先进的人工智能技术，能够根据用户输入的主题快速生成高质量的视频文案。无论是产品介绍、教育课程还是营销广告，DeepSeek 都能提供精准、吸引人的文案内容。

使用 DeepSeek 生成文案的过程同样简便。用户只需要在平台上输入关键词或主题，系统便会自动分析并提供多个文案选项。这些文案不仅结构合理、语言流畅，而且能够很好地融入目标观众的文化语境中。用户可以根据自己的喜好和视频风格选择合适的文案，还可以进一步定制，以确保文案与视频内容的完美契合。

通过 DeepSeek 生成视频文案，具体实现步骤如下：

步骤01 向 DeepSeek 发送请求，内容为"请为我生成一个文案，文案内容为介绍中国传统节日中秋节"。

步骤02 等待 DeepSeek 返回结果，结果如图 9-28 所示。

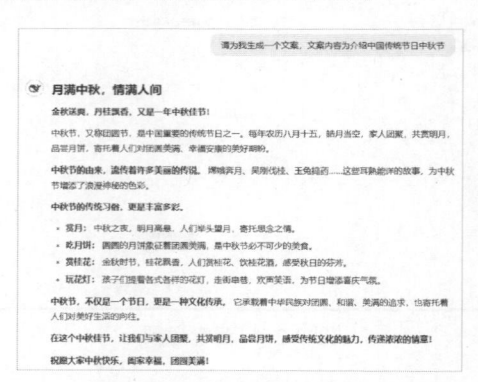

图 9-28 生成的视频文案

9.3.3 使用蝉镜生成视频

结合 DeepSeek 生成的高质量视频文案，蝉镜这一创新的在线视频制作工具能够将这些精心构思的文案巧妙地转化为视觉上极具吸引力的视频内容，从而极大地提升了信息传达的效果与观众的观看体验。利用蝉镜这一平台从零开始，直至完成一部精彩视频的基本步骤如下：

步骤01 访问蝉镜官网，登录后进入视频模板库，如图 9-29 所示。

步骤02 根据需求选择模板，选中模板后单击"立即使用"按钮，使用此模板，如图 9-30 所示。

第 9 章　DeepSeek + 智能工具协同应用实战

图 9-29　视频模板库　　　　　　　　　　　　图 9-30　选择使用的模板

步骤 03 单击"立即使用"按钮后，将会打开此视频模板，如图 9-31 所示。

图 9-31　使用模板

步骤 04 根据自己的需求修改视频模板，例如，修改模板中的文字"允许一切发生 我允许任何事情发生"为"中秋节 最具温情与诗意的节日之一"，修改后的模板如图 9-32 所示。

图 9-32　修改视频模板

195

步骤05 修改原有的文案内容为 DeepSeek 生成的文案内容，如图 9-33 所示。

提示：可以根据自己的需求选择声音类型和控制字幕的显示与隐藏。

步骤06 单击"生成并试听"按钮，生成完成后即可进行试看。

步骤07 单击页面右上角的"生成视频"按钮，生成完成后可在"我的视频"中查看，如图 9-34 所示。

图 9-33 修改视频文案内容　　　　　　　　图 9-34 我的视频

9.3.4 实例：2 分钟制作预防火灾宣传视频

在当今快节奏的社会中，快速、高效地传递信息显得尤为重要。预防火灾宣传视频的制作也不例外。借助 DeepSeek + 蝉镜的强大功能，可以在短短两分钟内制作出一部高质量的预防火灾宣传视频。具体步骤如下：

步骤01 向 DeepSeek 发送请求，内容为"请为我生成一个文案，文案内容为预防火灾"。

步骤02 等待 DeepSeek 返回结果，结果如图 9-35 所示。

步骤03 访问蝉镜官网，登录后进入视频模板库，在模板库中选择一个合适的模板并使用它，如图 9-36 所示。

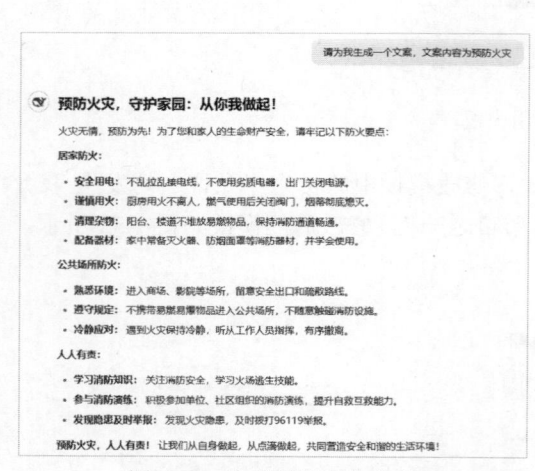

图 9-35 生成预防火灾文案

步骤04 根据需求修改视频模板内容，修改后的视频模板如图 9-37 所示。

步骤05 修改原有的文案内容为 DeepSeek 生成的文案内容。

步骤06 单击"生成并试听"按钮，生成完成后即可进行试看。

第 9 章　DeepSeek + 智能工具协同应用实战

图 9-36　修改视频模板

图 9-37　修改后的视频模板

步骤 07 单击页面右上角的"生成视频"按钮，等待视频生成。生成后的视频如图 9-38 所示。

图 9-38　生成的视频

步骤08 若要下载视频，只需单击"下载视频"按钮。

9.4 高效密码

在前 3 节中，详细介绍了 DeepSeek 与 XMind、Mermaid 和蝉镜的组合应用。尽管 AI 功能强大，但在实际使用中仍可能遇到一些问题。本节将解析这些常见问题，并提供相应的解决方案。

1. DeepSeek + XMind：生成思维导图

问题 1：生成的思维导图可能缺乏逻辑性，节点之间的关系不明确。

解决办法：在生成思维导图前，先明确主题和子主题，确保内容结构清晰。可以使用 DeepSeek 生成大纲，再手动调整节点关系。

问题 2：思维导图可能过于复杂或过于简单，影响使用效果。

解决办法：根据需求调整节点数量，DeepSeek 可以提供建议，用户可以根据实际情况进行删减或补充。

问题 3：生成的思维导图风格可能过于单一，缺乏个性化。

解决办法：XMind 提供多种模板和样式，用户可以根据需求选择不同的风格，或手动调整颜色、字体等。

2. DeepSeek + Mermaid：生成专业图表

问题 1：生成的图表类型可能不符合实际需求，如该用流程图却生成了时序图。

解决办法：在生成图表前，明确所需的图表类型，DeepSeek 可以根据描述推荐合适的图表类型。

问题 2：图表中的数据可能过于密集或过于简单，导致信息传达不清晰。

解决办法：调整图表的细节，如节点大小、颜色、线条粗细等，确保数据展示清晰。DeepSeek 可以提供优化建议。

问题 3：Mermaid 代码可能生成错误，导致图表无法正常显示。

解决办法：DeepSeek 可以自动检查代码错误，并提供修正建议，用户也可以手动调整代码。

3. DeepSeek + 蝉镜：实现视频的快速制作

问题 1：蝉镜的视频编辑功能可能相对有限，无法满足一些高级用户的需求。

解决办法：对于更复杂的视频编辑任务，可以考虑结合其他专业视频编辑软件进行处理，然后将最终结果导入蝉镜中进行发布或分享。

问题 2：平台输出的视频格式可能无法满足所有平台的需求。

解决办法：根据实际需求选择合适的输出格式，确保视频能够在目标平台上正常播放。